Un Amour de Dessert à Paris

Un Amour de Dessert à Paris

學做**法國女人**的30道升溫甜點

巴黎戀愛配方

巴黎甜點師 Lin Yi 林漪／著

suncolor 三采文化

目錄

contents

{特別篇}

注意事項

1. 食譜中若沒有特別標出，則以下材料所指為：
   麵粉——低筋麵粉
   砂糖——白砂糖
   鮮奶油——液態鮮奶油
2. 所有粉類（麵粉、巧克力粉等）使用前都須先過篩

{ 推薦序 1 }

米其林三星 Restaurant Guy Savoy 主廚 暨餐飲集團負責人

Guy Sayoy

Quel plaisir pour moi de préfacer un livre de pâtisserie écrit par une jeune Taïwanaise formée dans mes restaurants.

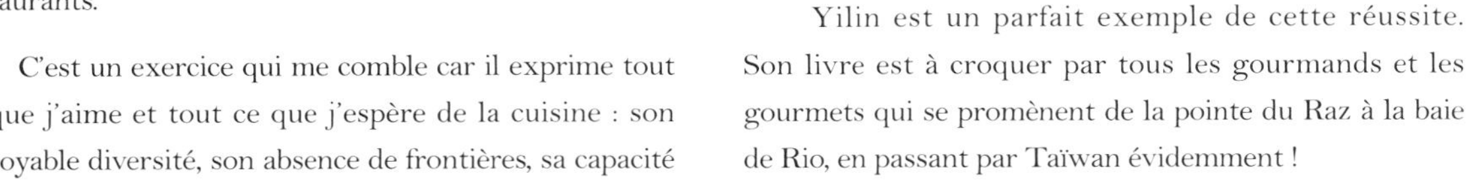

C'est un exercice qui me comble car il exprime tout ce que j'aime et tout ce que j'espère de la cuisine : son incroyable diversité, son absence de frontières, sa capacité à faire naître des passions, sa propension à révéler des talents.

Yilin est un parfait exemple de cette réussite. Son livre est à croquer par tous les gourmands et les gourmets qui se promènent de la pointe du Raz à la baie de Rio, en passant par Taïwan évidemment !

林漪是我旗下餐廳培訓出來的甜點師，她來自台灣，能為她的甜點新書寫序讓我十分開心。

很高興藉此序言表達我個人對廚藝的熱愛和期望——對我而言，美食是多元、超越國界的，是激發熱情的原動力，更是發掘才華的沃土。

林漪是一個最好的成功範例，她的書絕對會讓所有走遍不列顛小鎮、里約熱內盧和台灣的老饕看了垂涎三尺！

Guy Savoy

{ 推薦序 2 }

米其林三星主廚 Yannick Alleno 旗下台北 S.T.A.Y 法式餐廳甜點副主廚
Denis Trémouillères

C'est avec une grande joie que j'écris ces quelques mots pour ton livre.

C'est grâce à notre passion que nous nous sommes rencontrés car nous avons tous deux été formé au Restaurant Guy Savoy et nous y avons passé de très bon moment. Grâce à toi, j'ai découvert Taiwan et y est pris goût, tellement! que maintenant j'y vis et j'y travaille...

A présent, nous avons chacun choisi notre chemin mais toujours à travers notre passion : La Patisserie. Toi tu es restée à Paris en créant ton livre pâtissier et moi je suis parti à TAIWAN où à présent je suis sous chef pâtissier pour un autre grand chef français (Yannick Alleno).

En passant de Paris à Taipei, je suis sûr que ce livre plaira aux plus gourmands et gourmandes.

Amicalement Denis

我很高興能為你的新書寫下幾行祝福的文字。

對甜點的熱情使我們相遇，在 Restaurant Guy Savoy 一起工作的那段日子，我們共度了美好的時光。因為你，我認識了台灣，嚐到了台灣的好味道——這個我現在生活、工作的地方……

後來，我們選擇了各自的路，但依然在做著我們最熱愛的工作：甜點。你留在巴黎撰寫你的甜點書；而我來到台灣，在另一位知名法籍主廚 Yannick Alleno 的團隊擔任甜點副主廚。

從巴黎到台北，我相信這本書一定會挑動更多美食饕客的味蕾。

你親愛的好友 *Denis Trémouillères*

{ 推薦序 3 }

台北知名法式餐館 La Cocotte Bistro 老闆暨主廚
Fabien Vergé

Quelle surprise pour moi de prefacer le premier livre d'une amie que je connais depuis cinq ans deja...

Cette epicurienne croque la vie a pleine dents et partage non seulement son experience mais aussi ses rencontres a travers ses recettes. Cet ouvrage sera un bon compagnon pour les neophytes ou connaisseurs pour realiser quelques idees originales afin de chambouler notre Metro boulot dodo...

能為好友的第一本書寫序，實在令我又驚又喜，說起來我們認識已經有五年了呢……！

書中這位享樂主義者大口品嚐生活的美妙滋味，然後將這些經驗、食譜還有故事與大家分享。不論是甜點新手還是老饕客，這本書將會是你最好的夥伴，在生活中創作一些別出心裁的巧思，為我們一成不變的無聊日子增添不同味道……

Fabien Vergé

｛自序｝帶我到巴黎墜入情網

因為幾張照片，我愛上了巴黎。

當時我就讀於復興美工夜間部，某天上攝影課時，老師播放他拍攝的作品幻燈片作為教材，我的眼光被其中幾張吸引——艾菲爾鐵塔、塞納河、巴黎的街景……，那樣美麗的城市，是我從未見識過的風情。我被迷住了！有一個聲音在心中大喊：「好想去啊！」那願望如此強烈，以致暗暗許下「我一定要去法國！」的決心。至於到了法國要做什麼，不滿二十歲的我全然沒有頭緒，但我直覺地相信：「必定有什麼東西在那裡等著我！」而我的直覺一向很準。

如今想來，覺得當時的情況就像只是看了相親照片就決定遠渡重洋嫁給陌生人，不知自己究竟是魯莽還是勇敢？但也因為經歷這許多年許多事，才明白原來在千里外的異國等待著我的是種種愛的磨練。所幸從開始準備留學到啟程前往法國、獨自在巴黎生活，就算遭遇再大的困難、縱然有過傷心失望，我也絲毫不害怕，最終反而能夠樂在其中，彷彿找到了人生的歸屬，愈來愈堅強篤定。我想，這都是因為有愛的緣故。

我從小在市場長大。父親年輕時曾賣過麵、甘蔗，後來在市場頂了小攤子賣起豬肉。為了做生

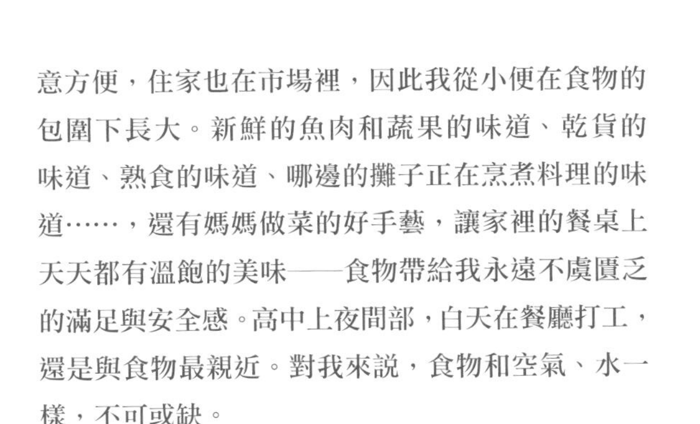

意方便，住家也在市場裡，因此我從小便在食物的包圍下長大。新鮮的魚肉和蔬果的味道、乾貨的味道、熟食的味道、哪邊的攤子正在烹煮料理的味道……，還有媽媽做菜的好手藝，讓家裡的餐桌上天天都有溫飽的美味——食物帶給我永遠不虞匱乏的滿足與安全感。高中上夜間部，白天在餐廳打工，還是與食物最親近。對我來說，食物和空氣、水一樣，不可或缺。

我愛食物，但更愛甜點！對我來說，食物是填飽肚子的「麵包」，而甜點卻是「愛情」！來到巴黎，認識了法式甜點，也因為甜點談起戀愛、走入婚姻，這十年來我一直處在戀愛當中——在青春年華能同時擁有「巴黎、甜點、情人」三者的愛情，我真的非常幸運！當然，情人不可能百分百完美無缺，法國生活也不可能全然美好，和甜點談戀愛的過程更不可能只有甜美浪漫，但美好的愛情不就是讓我們學會用浪漫的心擁抱真實的人生、並對未來抱持著無限憧憬嗎？

這本書是我學會「戀愛配方的甜點」的心得記錄。每個人都需要麵包，也應該追求美好的愛情，這 30 道甜點、30 種滋味，一定能挑動你「想戀」的心情，彷彿在巴黎墜入情網。相信我，甜點真有這樣的魔力，不信你試試看！

Liy 林㛍

還記得初次墜入情網那瞬間的感覺嗎？
像觸電般驚奇，
接著一陣喜悅從舌尖到鼻息直衝進大腦底部蔓延了整顆心，
教人不禁要大聲歡呼對吧？
當我吃進第一口命運中的 cheese cake，就是這種感覺！
我忍不住大叫：「天呀！這是什麼？怎麼這麼好吃～！」

它是紅蘿蔔乳酪蛋糕。從小到大，甜點對我來說不外乎豆花、粉圓，或是雞蛋糕、牛舌餅、刨冰，和 cheese cake 完全兩回事。因此當我第一次嚐到乳酪如此特殊的氣味和口感，帶著濃濃奶香的酸味，紮實又有點綿，感覺既陌生又令人著迷。

然而來到法國之後，我發現：在台灣非常普遍的國民甜點 cheese cake，在法國卻十分罕見。一般的甜點店沒有供應，也幾乎不會出現在餐廳、咖啡館的菜單上。在巴黎，甜點的花樣多得令人眼花撩亂，單純的 cheese cake 不容易受到青睞。

「如果是法國人，會喜歡什麼樣的乳酪蛋糕呢？」我回想初次踏上法國的心情——第一口聞到的巴黎氣息，第一次走在巴黎街頭那種種說不出的滋味在心頭盪漾的悸動……，讓我莫名地、命運般註定深深愛上巴黎的心情，我想將它加入其中。「那麼，我就來設計一款法國風的乳酪蛋糕吧！」

由於法國人偏愛多層次的、較綿密的口感，所以在乳酪部分我選用 St-Môret，吃起來不那麼硬實、容易飽；同時減少糖的用量，以突顯乳酪的風味。一般美式乳酪蛋糕的底層是將消化餅乾壓碎後，再用奶油聚合起來；我則是自己烤杏仁奶酥來取代，口感較清爽酥脆，不會因為過多奶油而覺得油膩。另外，我還做了草莓、荳蔻、蜂蜜與檸檬風味的果漿作為佐食的醬汁。因此這道法國風味草莓乳酪蛋糕至少呈現了三種層次——草莓的果香、綿密蓬鬆的法式 cheese，以及香脆的杏仁奶酥餅。這樣的組合連我的法國婆婆都很喜歡。

雖然當年愛上甜點的那個瞬間的感動，與巴黎一見鍾情的幸福滋味，永遠也無法複製與重現，但藉由這道甜點，總能讓我一再回味。而現在，很希望我的甜點，也能為你製造一次甜蜜的邂逅。

混搭的法式甜點

法式甜點跟法國菜不同，做菜時會將食材混合，而甜點則是由很多不同的元素組合起來的。像這道草莓乳酪蛋糕，乳酪層和奶酥底層可以分別做成兩道甜點。奶酥在法國甜點中是很基本的元素，除了拿來做乳酪蛋糕的底層，也可以放在優格上，加點果醬一起品嚐。因為混搭，法國甜點永遠有新鮮的變化。

水果在法式甜點中是不可或缺的食材，除了用新鮮水果搭配糕點，還常拿來製成果漿或果醬，幾乎每位主婦都會做自家喜歡的口味，一般家庭的果醬消耗量也很可觀。製作果醬時同樣採取混搭的概念，像草莓荳蔻果漿裡就加了一點香料，並用蜂蜜取代一部分糖，本身味道就很豐富，可以加入優格或白乳酪 (formage blanc) 中當作甜點，煮成濃稠的果醬拿來抹麵包也很好吃。

難易度：★★

gateaux au fromage et sa confiture de fraises cardamome

法國風味草莓乳酪蛋糕

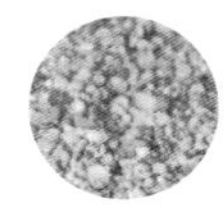 +  + 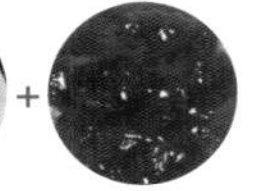

奶酥底層

材料

- 奶油　50 克
- 麵粉　50 克
- 砂糖　50 克
- 杏仁粉　50 克

做法

1 將所有材料混合，以手揉捏直到全部均勻融合成為沙狀即可（圖 a, b）

2 烤盤上鋪一層烤箱紙，將奶酥均勻灑在烤盤上（圖 c）

3 烤箱預熱到 180℃，放入約烤 10-15 分鐘（圖 d）

乳酪層

材料

- 法國 St-Môret 乳酪（或費城 Philadelpia 奶油乳酪）300 克
- 砂糖　70 克
- 麵粉　10 克
- 全蛋　2 顆
- 蛋黃　1 顆
- 法式固態鮮奶油　40 克
- 黃檸檬　1 顆

準備器具：

準備好模子，將烤箱紙剪成比模子大一點的圓形鋪在底層，下面墊一個烤盤，就不要再移動。

做法

1 將乳酪放進不鏽鋼鍋裡均勻攪拌，再慢慢依序倒入糖、麵粉、蛋、蛋黃，刮入檸檬碎皮，最後再加入法式固態鮮奶油（圖 e, f）

2 將烤好的奶酥用湯匙背面壓碎，均勻地壓平在模子底層，壓得愈緊實愈好，厚度約 1 公分（圖 g）

3 烤箱預熱至 200℃。將 <1> 做好的乳酪糊倒進已鋪好奶酥底層的模子裡，用湯匙背面均勻地抹平，放進烤箱烤 15 分鐘；之後把烤箱打開降溫到 100℃，再烤 1 個小時（圖 h）

4 烤好後在室溫下放涼，至少 1 個小時，然後放進冰箱至少 12 小時。享用時淋上草莓荳蔻果漿，即可品嚐風味絕佳的法國風乳酪蛋糕

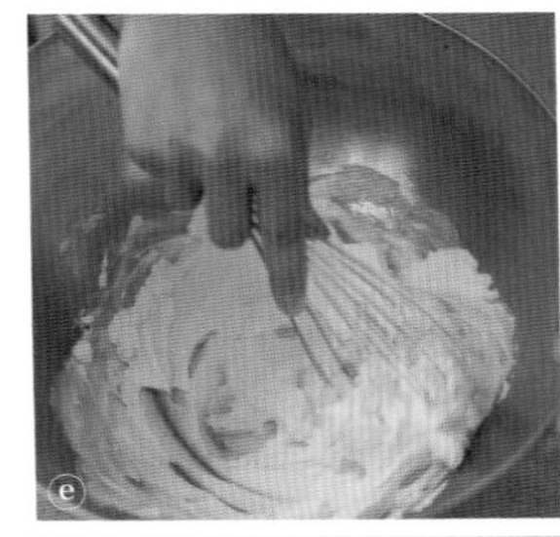
e

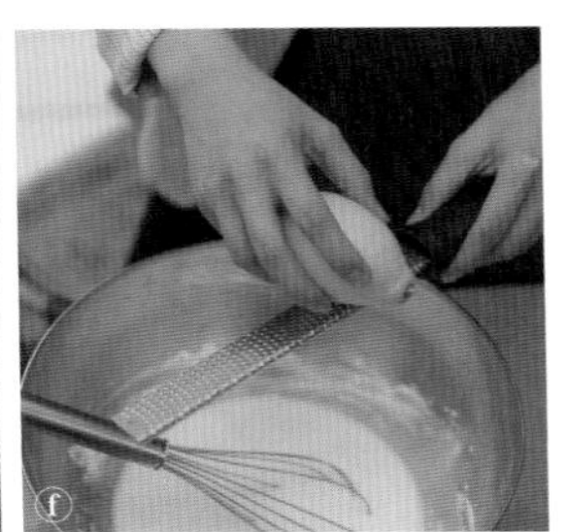
f

g

h

用這個方法就可以簡單做好荳蔻風味的糖煮草莓果泥！

法國草莓與荳蔻籽

草莓荳蔻果漿

材料

- 草莓　約 500 克
- 荳蔻籽　數顆
- 砂糖　150 克
- 蜂蜜　100 克
- 黃檸檬（榨汁）　少許

做法

1 將每顆草莓切成 4 等份，放進不鏽鋼鍋

2 再放入幾顆已經剝好的荳蔻籽

3 倒入糖與蜂蜜，以小火加熱約 30 分鐘，直到整體變得濃稠即可，熄火放涼，食用前可加幾滴黃檸檬汁，使味道更加有層次

1 2 | 3 4 5 6 7 8 9

1,2 //// 喜愛甜點的朋友聚集起來，一起學習做幾道甜點。即使不是專業的甜點師，但每個人都盡情享受了親手做的樂趣。

3,4,5,6,7 //// 鏘鏘！自家烘焙也毫不遜色，可見法式甜點並非那麼高不可攀。

8,9 //// 水果被廣泛地運用在法式甜點中，草莓是常見、備受喜愛的一款，尤其法國本地生產的草莓更是好吃。

{ 鍛鍊你的法式味蕾 }

來到法國，開始學習甜點之後，我發現法式甜點和我熟悉的美式蛋糕很不一樣。

首先，法國人不喜歡單調，期望在一道甜點中品嚐到多樣的風味與口感。以擺盤甜點（desserts a l'assiette）為例，它可能是由水果、冰淇淋、軟綿綿的慕絲及蛋糕等組合成一道美麗的盤飾，而「如何將不同食材做完美搭配」則考驗著甜點師的功力，這也是法國人的厲害之處。

其次，法國人喜歡新鮮食材天然的味道。不習慣法式甜點的人剛開始可能會覺得很甜，但細細品嚐會發現——那其實是食材本身的甜味。例如巧克力塔，就是實實在在的巧克力風味，並非大量砂糖

的甜膩；加了香草的製品，比如卡士達醬，由於使用的是真正的香草莢，而非香草精或香草粉之類的化學添加物，因此散發出自然又香甜濃郁的氣息。

反過來說，味蕾挑剔的（其實只要是稍微懂得吃的）法國人自有一套享用美食（同時也是「檢驗」廚師）的方法：先吃個別食材的味道，再綜合起來品嚐。這樣不但能嚐到食物本身的滋味，也能真正享受廚師的技術與創意。不論對廚師或美食者，都是體驗美食真諦必要的修練。以我身為一位甜點師來說，當我品嚐草莓塔時，第一口先吃草莓——嗯，很甜，可以確定是使用了品質極佳的新鮮草莓做的；接下來是塔皮和杏仁酥——塔皮很酥脆，杏仁味還很濃，應該是當天做的；最後一口，將草莓、杏仁酥、塔皮一塊品嚐，「啊～這個搭配真是完美啊！太幸福了～」請試試看用你的法式味蕾吃出極致的幸福感吧，那可是會讓人上癮的喔！

法國草莓

在歐洲市場上可以見到很多國家進口的草莓，例如西班牙、阿拉伯，但法國本地生產的草莓特別香甜，可能是法國的土壤成分特殊的緣故。像鮮紅色的 fraise gariguette，個頭雖然比其他品種小，滋味卻非常甜美鮮明，而且口感結實，不容易煮爛；另一種只有葡萄大小的野草莓（fraisier des bois）又更甜、更好吃。高級的甜點名店，如 Pierre Hermé、Fauchon 都會選用法國當地食材，但相對地賣得也比較貴。由於草莓生長需要大量水分，種植時必須頻繁地灑水，而法國的人工又很昂貴，因此現在市場上看到的大部分是從西班牙進口，大顆又便宜，味道也不錯，但還是不如法國草莓那麼令人回味！

你是否曾為了追求夢想付出全部的心力？
即使身處在幽暗的隧道裡，仍然繼續為不確定的未來堅定地往前走？
當我隻身飛到未知的法國，忍受著孤獨，咬牙適應環境、追趕學習進度，
不免沮喪質疑的時候，是可麗餅的溫暖安慰了我……
那像是把我和我所愛的，還有辛酸，都摺疊起來，一口氣全部吃掉！
然後就擁有了新的勇氣！

摺疊我的愛

pâte a crêpe

法式可麗餅

「可麗餅」這個名詞對台灣人來說並不陌生，經常在夜市或電影院門口可以看見專賣可麗餅的攤子，在圓圓的大鐵板上倒些麵糊、抹平，加上各式鹹或甜的佐料，再摺疊成扇形裝進特製的紙口袋裡，就可以拿著邊走邊吃了。不過到了「法式可麗餅」的發源地，卻發現原來不是這麼回事！

可麗餅在巴黎到處可見，有外帶的小攤子，也有餐廳專賣店。據說是早期布列塔尼移民帶來的傳統美食，只是從前簡單樸素、沒什麼佐料的吃法，至今為符合大眾口味變得複雜而已。可麗餅餐廳和一般餐館看起來並沒有太大的不同，只是賣的是一塊塊的可麗餅，裝潢也大多走鄉村風格。

煎好的餅盛在盤子裡，有的摺成 1/4 圓扇形，或將 4 個弧形的邊摺入成方形，以刀叉食用。表面煎得焦香，內在卻很鬆軟，裡面放的可能是火腿蛋或香腸起士等，甜的可以搭配巧克力醬或各種新鮮水果和果醬，變化很多，價格不貴而且份量足夠，通常被當作午餐的輕食。

由於可麗餅的材料單純，做法也很容易，用一般的平底鍋就可以了，所以很適合在家自己做。在這裡我要示範的是甜點口味的可麗餅。重點在於製作麵糊時將材料依序放入，充分攪拌均勻；煎的時候注意火候和翻面的時間點。另外，材料中的「榛果奶油」（beurre noisette，又稱「焦化奶油」）並不是用榛果做的奶油，而是將一般的奶油在鍋中加熱融化，煮到略焦化時會散發榛果的香氣。這個步驟必須在事先完成。

煎好的可麗餅，可以灑些砂糖或糖粉直接食用，單純品味薄餅香，或者拿家中任一款果醬來抹，也可以淋些許檸檬汁和蜂蜜，或者和新鮮香蕉、巧克力醬和堅果口味的冰淇淋一起吃也很搭，是一道可以輕鬆享用的甜點。

在巴黎品嚐法式可麗餅

來到法國之後我就愛上可麗餅了！在巴黎它也是滿受歡迎的國民美食。我和朋友常去 14 區 Montparnasse 附近的 Crêperie Josselin。那一帶是布列塔尼可麗餅的激戰區，而 Crêperie Josselin 到用餐時間更是經常高朋滿座。

布列塔尼可麗餅的特色是在麵糊中加入蕎麥，所以一般認為比較健康。有鹹和甜多種口味，很多人經常以鹹口味作為正餐，搭配布列塔尼特產的蘋果酒，餐後再吃甜口味當作點心。若有機會來到巴黎不妨去嚐嚐看，或許你也會愛上它喔！

Crêperie Josselin

〒 67 rue du Montparnasse, 75014 Paris

☎ 01-43-20-93-50

難易度：★

pâte a crêpe

法式可麗餅

 + 

可麗餅皮

材料

- 溫牛奶　500 毫升
- 麵粉　200 克
- 鹽　2.5 克
- 砂糖　50 克
- 花生油　50 克
- 全蛋　3 顆
- 蘭姆酒　50 克
- 榛果奶油（焦化奶油）　25 克

＼以上份量大約可製成 **25** 個
直徑 **15-16** 公分的可麗餅！／

佐食配料

材料

香蕉（切片）、巧克力（融化後使用）或巧克力醬、冰淇淋酌量

＼可以自由搭配其他喜歡的配料／

準備器具：

可麗餅專用鍋或平面鍋

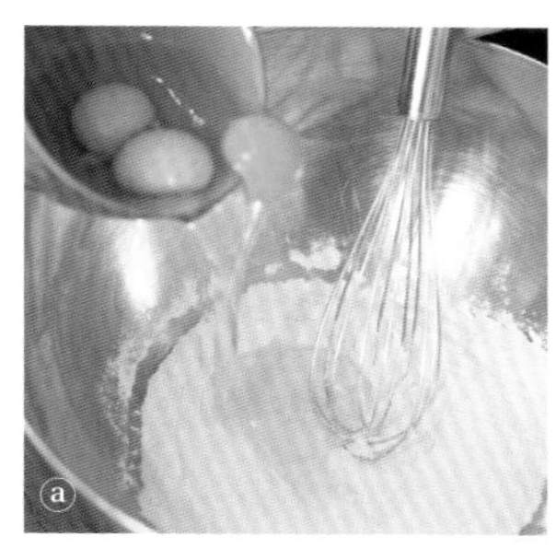

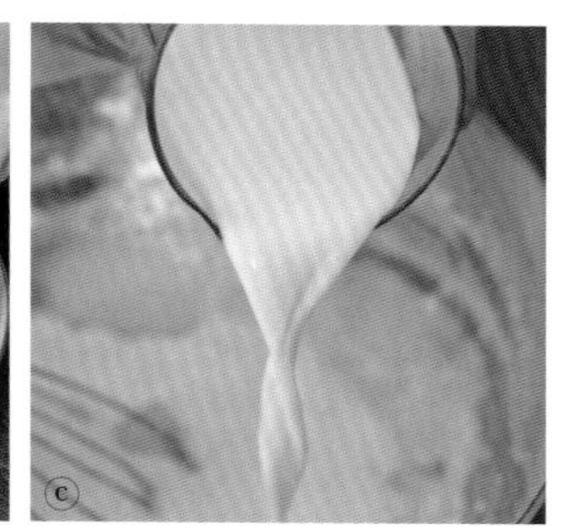

事前預備工作

1 製作榛果奶油：將奶油放入鐵鍋中加熱直到呈現金黃色、開始散發榛果般的香味就可以熄火

2 在鐵盆裡混合麵粉、鹽、砂糖，再加入全蛋均勻攪拌，之後拌入花生油、榛果奶油和溫牛奶，最後再加入蘭姆酒充分拌勻，做成麵糊（圖 a-c）

3 將盛麵糊的鐵盆以保鮮膜覆蓋，放入冰箱靜置約 2 小時，使味道充分融合

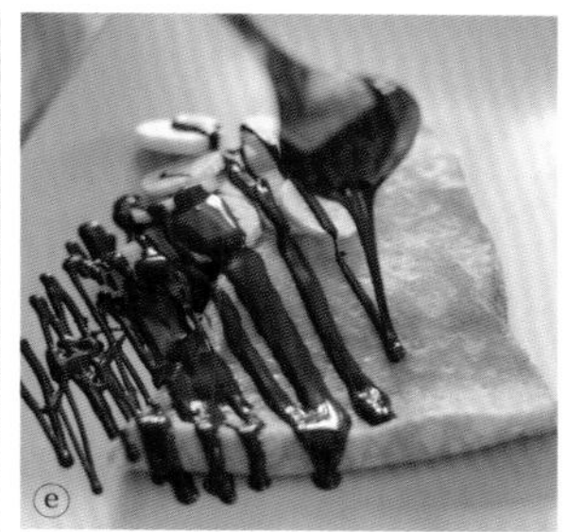

做法

1 準備可麗餅專用鍋（或平面鍋），以中火充分加熱。用餐巾紙沾一點奶油，均勻地塗滿整個鍋面

2 取一勺（約 70-80 克）麵糊倒進鍋裡，迅速轉動鍋子使麵糊均勻佈滿整個平底鍋面

3 當麵糊表面開始起泡、變乾，呈現些許金黃色時，就可以用平底刮刀翻面，再將麵皮對摺兩次成 1/4 圓，放入盤中，加上喜愛的調味（例如香蕉片與巧克力醬）就完成了！（圖 d, e）

試試這個口味：crepe suzette 香橙可麗餅

將 50 克的蘭姆酒換成 Grand-Marnier 香橙干邑甜酒，再加入一個香草莢，並刮些橘皮絲一起拌入麵糊裡，就能享受清新柑橘風的可麗餅！當然，你也可以在平底鍋中放入摺疊的可麗餅，加入奶油、橘子汁和香橙干邑甜酒，慢慢加熱，將它做成一道豪華的甜點。這就是台灣法式餐廳常見的在桌邊製作的「法式火焰薄餅」。不過要小心，加熱時甜酒中的酒精成分被點燃會產生火焰，可別嚇到了！

聖母院

羅浮宮

1	2	3	4
		5	6

1,2 //// 逛不完的博物館和美術館，還有滿街的古蹟、建築，都是我的美學老師。

3 //// Fauchon 的甜點師正在現場為客人製作草莓塔。經常到名店觀摩是我的私人校外教學課程。

4 //// 在巴黎，我深切地體認到「美是無處不在的」，就連逛櫥窗也是一種學習和享受。

5,6 //// 甜點的造型被拿來作為服飾店櫥窗的裝飾，那時尚的配色是否也可以應用在甜點上呢？

{ 成為甜點師之前……}

決定前往法國留學、甚至已經踏上巴黎的當時，都沒想過將來我會成為一位甜點師。事實上，在這之前我只知道自己喜歡食物，但並不清楚未來的方向。唯一確定的是——我要去法國。在打工存了錢、學一點基礎法文之後，我勇敢跳上飛往巴黎的班機，這是我的人生全然不同的轉折點。

當我第一次走在巴黎的街道時，竟然不自覺地落下眼淚，很奇妙地，那是一種回到家的感覺。這時我很篤定自己做了正確的選擇。巴黎的氣息、所有眼睛看見的、舌頭嚐到的、耳朵聽聞的，還有法國人的思考方式和行事作風，一切都那麼新鮮有趣。我的適應力很強，很快就融入當地生活。

由於想真正了解法國，希望能和法國人一起上課學習，我認為好的法文能力是必要的，因此在法國的前兩年我一心想學好法文。初到的第一年，我住進一間天主教修道院設立的語言學校。白天上完課，下午就跑去看電影。法國是電影愛好者的天堂，戲院很多，不時上映各國、各類型的影片，學生更有特別的優惠，每個月花少少的錢就可以看到飽，我幾乎每天看一部電影來練聽力。巴黎還有逛不完的博物館和美術館，（巴黎本身就是一件不朽的藝術品！）也是從那時開始，我的眼界大開，淺移默化中培養了「文化氣息」，慢慢學習法國人的美感。我完全可以理解、也不禁讚歎——難怪法國人可以創造這麼多美麗的事物，因為他們從小就生活在「美」當中。

第二年，我換了一間教學活潑、更實用的語言學校，並且開始在餐廳打工當服務生。我發現法國人既簡單又複雜，複雜的是用餐的規矩很多；但只要有好食材，一杯好酒、上好的 cheese，一道好菜，要滿足他們其實也很簡單。法國人對於「吃」抱著極大的熱忱，喜歡嘗試、做改變，因此飲食文化進步很快。經過一番洗禮，我這個從小在市場長大、和飲食脫離不了關係的女生，也慢慢懂得如何吃出好味道了。

我想，日後我之所以可以在法國以甜點師的身份生存下來，和這兩年自修的文化學分不無關係。因此，若你想要成為一位法式甜點師，得先愛上法國文化，了解能夠創造出這麼美麗的事物的民族如何運用他們的所有感官，就是完美的起步了。

一提到法國，腦海中立即出現的字是什麼？是「浪漫」！
而樸實的「瑪德蓮」小蛋糕，
卻讓許多人很自然地將它和浪漫的法國聯想在一起。
這也許要歸功於法國大文豪普魯斯特 (Marcel Proust) 在他的鉅作中
對瑪德蓮的回憶，使得這個平民糕點也帶有法國的憧憬！
不過話說回來，有沒有可能，法國人的浪漫其實是很樸實的呢？

浪漫的聯想

madeleine

瑪德蓮

在認識普魯斯特之前，我就已經先認識瑪德蓮了。由於它太「平民」了，多數一般家庭都自己做，所以在麵包店、蛋糕店反而不常見。我的法國婆婆也經常烤來當點心，它的大小剛好，很方便拿著吃，也常沾著茶一起入口，是我和婆婆下午茶的好搭檔。這次的示範就是某個下午在婆婆家和她一起烤的，婆婆還特地拿出珍藏的下午茶點心托盤，把瑪德蓮一個個在托盤上排好，看起來還真有點文人的風雅！

瑪德蓮的做法並不難，必須在前一天先拌好麵糊，在冰箱放置 24 小時，第二天再花一點時間烘烤就可以了。由於它並沒有添加鮮奶油和果醬，原味瑪德蓮有一種單純樸素的香氣，不過後來也出現各種口味變化，我就曾在台北看過加了紅茶或黑糖「在地化」的瑪德蓮。在這裡我想介紹大家一種比較特別的 praline rose 口味。

praline rose 是一種將杏仁裹上粉紅色糖衣的糖果，鮮豔的玫瑰色十分誘人，所以常被拿來當作材料，除了兼有杏仁和糖果味，還能染成漂亮的色彩。法國里昂有一種核果塔 (tarte aux pralines) 內餡就是將 praline rose 碎片和鮮奶油、蛋混合做成的，成品看起來好像紅寶石。我在法國做甜點時常會用到 praline rose，若你在台灣能買得到的話，請一定要試試。

順帶一提的是，瑪德蓮的明顯特徵就是它的貝殼外形。有一個不太可靠的傳說是它最初就是用扇貝殼當模型來烤的。我第一次看到瑪德蓮專用的貝殼烤模，6 個貝形排成 2 排，你猜我聯想到什麼？我想到的竟然是台北街頭現烤的「雞蛋糕」！

如何？瑪德蓮夠平民化了吧！

難易度：★

madeleine

瑪德蓮

材料

- 全蛋　3 顆
- 砂糖　175 克
- 溫牛奶　125 克
- 麵粉　260 克
- 酵母粉　10 克
- 奶油　125 克
- 蜂蜜　25 克

準備器具：

瑪德蓮貝殼形狀烤模

前一天的預備工作

1 先將蛋和砂糖攪拌均勻，再加入溫牛奶調勻（圖 a, b）

2 先將麵粉與酵母粉混合，再加進 <1> 中一起拌勻（圖 c）

3 將奶油和蜂蜜一起放進微波爐中稍微加熱，每 10 秒拿出來攪拌一次，重複數次

注意：千萬不可過度加溫，過熱會破壞奶油的組織！

4 將 <3> 拌入 <2> 中，再將拌好的材料放進冰箱靜置 24 小時（圖 d）

為瑪德蓮添加風味吧！

1. 抹茶或巧克力口味：只要把麵粉量減少 10 克，拌入 5 克抹茶粉或 10 克巧克力粉就可以了

2. 粉紅瑪德蓮：將粉紅色的核果糖 praline rose 敲碎，在攪拌麵糊時就放入，或是最後將麵糊擠入（或舀入）貝殼模型後，灑一些在麵糊上，為視覺和味覺帶來浪漫的新鮮感！

做法

1 先將貝殼形瑪德蓮烤模內層均勻抹上奶油

這個步驟在法國甜點製作過程中稱作“beurrer”（意即「塗奶油」），訣竅是將奶油輕按在模型內側畫一圈，以看不出奶油的白色為原則

2 將前一天做好的麵糊裝入擠袋中，擠入瑪德蓮模型裡（圖 e）

若家中沒有擠花袋，也可以用杓子直接將麵糊舀入貝殼烤模中

3 烤箱預熱至 190℃，把 <2> 放入烤箱烤 3 分鐘，再將長形烤模前後換邊再烤 3 分鐘，這樣就可以將瑪德蓮烤得均勻漂亮了！

「愛是藝術嗎？如果是，就需要知識與努力。」【註】
隨著年歲增長、歷練增加，對這句話也就有愈深的體會。
每一個選擇、每一次付出、每一回成功與挫敗，
都讓自己更加了解到愛與被愛需要具備的能力，
打好基礎，把自己準備好，自然擁有面對未來的自信。
學習甜點是這樣，談戀愛也是如此。

「塔」是法式甜點中十分基本又重要的元素之一，是甜點師一定要熟練的 ABC。

雖然製作塔皮需要一點技巧，但因為不須使用特殊工具，用家裡的烤箱就可以烤了，所以水果塔也是很常見的 homemade 家庭甜點。不僅如此，大部分的糕點店和餐廳也會供應，只是變化巧妙不同罷了！若說它是全歐洲最普及的甜點，一點也不為過。

正式學習甜點之後，我深刻體會到：愈是基礎的東西愈需要用心，因為它是最容易被輕忽的。每個人都會做，但做得好或不好，關鍵就在於能否完美掌握細節。塔皮是「塔」的基礎，我在以下的食譜中會按步驟一邊說明須注意的小訣竅，只要掌握基礎中的基礎，要做出完美的塔並不會太困難。

不過烘焙甜點很重要的一點是要「了解你的烤箱」。每個烤箱都有它的個性，溫度會有差異，試過幾次了解它溫度的變化，較能做出成功的作品。例如有的烤箱過熱，雖然溫度設定在 180 度，卻自動上升至 200 度，那麼原本設定的溫度就要降低，或者烤的時間須要縮短；同樣地，若是不夠熱，就必須調高溫度或加長時間。烤的過程中適時打開烤箱檢查一下目前烤到什麼程度了，若中途發現好像過熱，烤得有點焦了就要趕快拿出來，時間捏得準的話還可以挽救。

所以我們常說：「做出來不算數，烤出來才能定勝負。」即使麵糰捏得再美形，如果烤箱溫度不對烤出來也不會漂亮，或是一不小心烤焦了，都得重做。而且依地點、氣候條件不同，烤的時間也要微調，這些都需要經驗判斷，並非完全照著食譜一成不變，因此主廚會告訴我們：「計時器是給初學者看的，一切都要用眼睛去觀察。」

【註】：德國心理學家佛洛姆（E. Fromm）《愛的藝術》

一點小說明

* 我在示範時使用的「環狀塔模」，這種專門做塔的烤模在台灣不易購買，台灣類似的模型通常周圍會有波浪紋路，若沒有的話也可以替代使用。
* 在專業甜點廚房裡，一顆蛋標準重量是50g（蛋白30g、蛋黃20g、蛋殼5g），部分專業的甜點店或餐廳會訂購盒裝的蛋白或蛋黃，稱為Ovoproduit。
* 食譜中示範的是原味塔皮，若想做巧克力或抹茶口味的塔皮，就以10克的巧克力粉或抹茶粉取代同等量麵粉。（也就是240克麵粉＋10克巧克力粉或抹茶粉＝250克）

難易度：★★

tarte au citron

檸檬塔

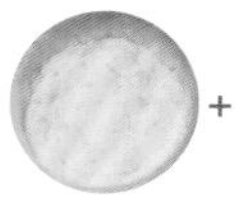 + 

塔皮

材料

(A)
- 糖粉　100 克
- 鹽　2 克
- 奶油　100 克
- 酵母粉　5 克

材料 (A) 一定要用糖粉，不可用一般砂糖，否則塔皮會較不細緻

(B)
- 麵粉　250 克

(C)
- 全蛋　1 顆
- 水　20-30 克

水的用量必須自己斟酌，如果使用的蛋比標準的 50 克小，那麼水就多放一點，反之則少放點

事前預備工作

1 先將材料 (A) 的奶油切成 2 × 2 公分的立方小塊，放在室溫下軟化，這樣放進麵粉混合時比較好揉捏（圖 a）

注意：奶油只能軟化到像軟膏的程度，不能讓它融成液狀，否則做出來的麵糰奶油和材料 (B) 的麵粉會很難融合，因此將奶油置於室溫時要特別留意當天的氣溫

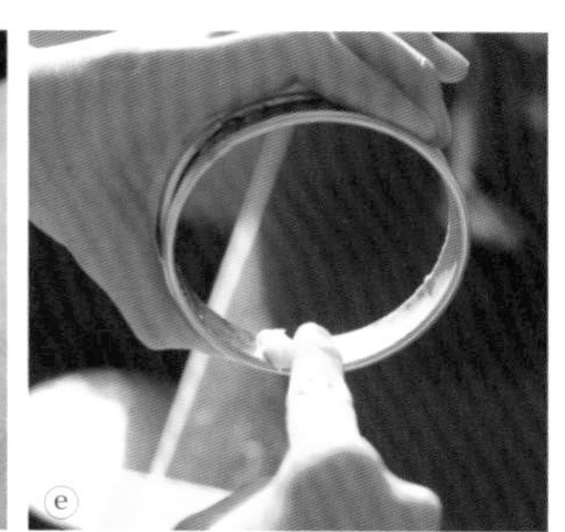

做法

1 將材料 (A) 混合攪拌後，再將材料 (B) 加入混合均勻

2 先將材料 (C) 的蛋加入 <**1**> 中攪拌後，再加入水一起拌勻（圖 b）

3 將 <**2**> 揉成麵糰（圖 c）

注意：不要揉得過度，當麵糰表面變光滑不再黏手就要停止

4 用保鮮膜將 <**3**> 揉好的麵糰包起來放進冰箱 20-30 分鐘（圖 d）

5 在環狀塔模內側均勻抹上一層薄薄的奶油（圖 e）

注意：奶油要抹得剛好，若太少，烤好後塔皮會黏在塔模上，太多則塔皮會變形。（還記得嗎？在「瑪德蓮」p.25 提過，這個步驟稱為“beurrer”，做法是將奶油輕按在模型內側畫一圈，以看不出奶油的白色為原則）

6 取約 20 克麵糰擀成約厚 0.2-0.3 公分的麵皮，麵皮要比塔模略大，約超出 1-2 公分左右

7 將 <**6**> 擀好的麵皮鋪在塔模上，從內緣將麵皮輕輕往下壓，並以慢慢旋轉塔模的方式，用大拇指輕按使麵皮黏在塔模內緣（圖 f）

這個動作在法國甜點製作過程中稱作“foncer”

8 用小刀割掉塔模周圍多餘的餅皮（圖 g）

要由內向外慢而輕巧地切，切出來的邊緣才會漂亮

9 接著用刀尖在塔皮底部輕戳幾個小洞，放進冰箱冷藏 10 分鐘（圖 h）

這個步驟很重要！目的是讓塔皮定型。如果一做好就急著放進烤箱烘烤，會因塔皮還有濕度、太黏，一遇到高溫塔皮會變形，就無法做出形狀完美的塔了！

10 烤箱預熱至 170℃。將塔皮從冰箱取出，放進烤箱中烤 5-6 分鐘就可以了（圖 i）

塔餡

材料

- 砂糖　110 克
- 黃檸檬　1-2 顆（果皮刮絲，可依個人喜好添加）
- 檸檬汁　80 克（約 2-3 顆）
- 全蛋　2 顆
- 奶油　150 克

事前預備工作

1 同塔皮的做法，先將奶油切小塊放在室溫下軟化

2 檸檬先榨汁備用

做法

1 將砂糖和檸檬皮混合，使檸檬的味道滲入糖裡，再加入檸檬汁和蛋拌勻（圖 j）

2 將 <1> 隔水加熱，過程中須不停攪拌，直到 82℃就可以將塔餡離火，放冷至 50℃（圖 k, l）

3 將已經切成小塊軟化成膏狀的奶油和 <2> 冷卻至 50℃的塔餡一起放進攪拌機或果汁機裡拌勻（圖 m）

注意：只有在「奶油是室溫的軟度」和「塔餡是 50℃」時，這兩樣東西才能完美融合！

4 將 <3> 打好的內餡填進塔皮裡，並用刮刀刮平，放進冰箱冷藏至涼。上桌前可以在上面刨些青檸檬、黃檸檬絲裝飾，若再加點金箔點綴就更賞心悅目了！（圖 n-p）

｛學做菜先學甜點｝

許多法國人在家常做甜點，一般家常甜點難不倒他們，食譜在許多書籍、雜誌中都很容易取得，而且他們也都樂於嘗試。

在法國的第二年，我搬離修道院語言學校宿舍、獨自住在第六區。每天早上上完語文課，我就到住家附近的超市買菜回家料理中餐。我喜歡做菜，也喜歡做菜請朋友品嚐。我不愛熱鬧，但是當別人因為吃了我的料理感到很開心時，我同樣也會感到很開心。可能當時沒有家人在身邊，便會想和朋友在餐桌上聊天、品嚐紅酒，也有點試著想要像法國人那樣生活。

法國的每樣事物對我而言都很新鮮，當然也包括食物，會很想知道這麼好吃又漂亮的東西是如何做出來的。於是我開始訂購食譜書，就是那種給一般主婦看的、普通商店就買得到的家庭食譜，嘗試做裡面的菜，而且在朋友生日時烤了一個黑森林蛋糕送給他。不過我當時根本不會做蛋糕，也沒有可以烤蛋糕的烤箱，沒技術、沒經驗做出來的處女作真是醜到不行啊！一整塊烏漆嘛黑的，鮮奶油擠得亂七八糟，口感也差強人意，朋友看了雖然很傻眼，但看在我極有誠意的份上還是將它吃光光！（真是為難大家了！）

在學習語言的過程中，我開始思考來法國的目的，究竟想要做什麼？由於學生時代在餐廳工作的愉快經驗，加上當時在法國餐廳打工，產生很想了解法國飲食文化的念頭，覺得自己應該很適合這個行業。於是我進入巴黎一家餐飲學校學習。沒想到不久後我便對自己的決定產生疑慮。一方面學校教學並不是很嚴謹，深入了解後發現餐飲服務不太需要特別的專業技能，工作較容易被取代。我喜歡去創造、由我做出別人無法取代的東西，我喜歡這種感覺，於是我又開始思考自己的方向。

這時剛好第一年的餐飲課程結束了，學校安排我們到飯店實習。（法國非常重視實習，所有的職業訓練一定包括實習。）由於外場的服務工作已經無法滿足我，加上對廚房的萬分好奇，在空閒時我便經常往廚房跑，午餐時也刻意坐在主廚旁邊。主廚是一位很特別的人，他不會和同廚房的同事一起用餐，「我們一起工作的時間已經很長了，又湊在一起只會聽到抱怨而已！」廚房有清楚的階級之分，他是主廚，靠近他的廚師可能想要討好他，或是討論工作，而他認為吃飯是很珍貴的時間和空間，因此希望可以跳脫工作環境，和不同的人聊天比較有趣；而和外場的同事交流也可以多了解客人的資訊。

和他混熟之後，他看我那麼愛學，老是東問西問的，便問我：「為何不學廚藝？」這我倒從沒想過！「你應該去學校試聽看看，你應該會喜歡。」他的問題點醒了我，覺得似乎應該認真考慮這條路。主廚又說：「如果要學要先從甜點開始，因為甜點是很精準、而且非常具有美感的，學會了精準地做一件事以及技術，等你學做菜時一定會做得比別人好。」至今我都很感謝他給了我這麼關鍵的建議。要成為一位甜點師，紮實的底子非常重要，於是我開始打聽學校，去了解和試聽，最後決定進入主廚強力推薦的 Ecole Grégoire-Ferrandi，也從此打開了我的甜點之路。

1 //// 第一次做朋友的生日蛋糕。

我在甜點學校的第一堂課以圓鼓鼓的泡芙揭開序幕！
泡芙一直是我喜愛的甜點，在台灣時就很愛吃，
不過到了法國之後，我發現原來泡芙不只是圓的，
還有長的、圓環狀的，大大小小的，
口味也不僅僅只是填入不同內餡來做簡單變化。
再加上各種裝飾和配料，每個都可愛得像是一個吻！

學校之所以安排「泡芙」作為學習甜點的第一堂課，是有用意的。因為必須用手實際去攪拌，可以訓練力道、手感和觀察力，也考驗每個人的敏感度及掌握度。

製作泡芙麵糰需要技術。先將水加奶油煮開，再加入麵粉，在鍋裡邊煮邊攪拌，讓麵粉吸收所有水分變成麵糰。煮到麵糰不會黏鍋時就表示 OK 了，這時要趕快離火，將麵糰放入另一個器皿中。

為何必須換鍋子呢？因為煮熟的麵糰是熱的，若鍋子也是熱的，那麼蛋一加進去之後馬上就被煮熟了！而且蛋要一顆顆地加進去攪拌，當第 1 顆蛋和麵糰充分混合後，再以同樣的做法加入第 2、3、4 顆。麵糊攪拌到像緞帶般就必須停止，不能太糊，否則破壞了材料的組織，烤的時候就不會膨脹了。也就是要訓練到懂得判斷何為最佳狀況，眼明手快才行。做好的麵糊要依製作不同泡芙擠成圓形、方形、甜甜圈形，因此如何使用擠花袋也是必要的技術，不僅要會用，擠出來的形狀漂亮才算數。

再來是製作泡芙的基本內餡——卡士達奶油餡（crème pâtissier）。除了牛奶、蛋黃、糖、香草莢之外，我們還會放入「鮮奶油粉」來使卡士達醬更加香濃。將這些材料一起煮的時候必須不停地攪拌直到濃稠為止，但注意不能煮過頭變得太稠，否則焦掉就糟了！

這些小細節都得要親自去做，實際去感覺食材在手中的變化才能學會掌握的訣竅。很多人在第一堂課都失敗了，尤其我的男同學力氣較大，擠出來的麵糊形狀忽大忽小，烤出來當然也不會漂亮。不過泡芙也是基本中的基本，又是考試的項目之一，在之後的課堂上重複練習很多遍。所以若你剛開始做得不滿意也不要氣餒，多練習幾次就熟練了。

閃電泡芙
聖東諾黑泡芙
修女泡芙
巴黎 - 布雷斯特泡芙

難易度：★★★

pâte à choux: éclair, paris-brest, saint-honoré et religieuse

4 款經典泡芙

閃電、巴黎 - 布雷斯特、聖東諾黑與修女泡芙

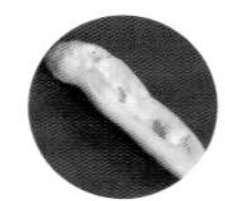    + 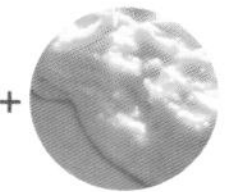

泡芙外皮

材料

- 水　250 克
- 鹽　5 克
- 糖　10 克
- 奶油　125 克
- 麵粉　150 克
- 全蛋　4 顆

做法

1 將水、糖、奶油和鹽放進鍋子裡，煮沸後離火

2 將麵粉倒入 <**1**> 中，攪拌均勻（圖 a）

3 將 <**2**> 放回火爐，開中火，以木製攪拌匙邊煮邊攪拌，直到麵糰不會沾鍋為止（圖 b）

4 將 <**3**> 的麵糰放進另一個容器裡，再把蛋一顆接著一顆放入容器中。每加入一顆蛋的同時，要不斷地用力攪拌麵糰，一直到麵糰表面變得光滑緊實為止（圖 c-e）

加入蛋並攪拌到麵糰變光滑有彈性，所需的時間大約是 10 分鐘。（女生的力氣比較小，可能需 15 分鐘左右。）攪拌時，要用攪拌棒不時將麵糊往上提拉，麵糊必須在拉起來時呈現帶狀而且有彈性才算 OK

5 在烤盤上先鋪好烤箱紙。將 <**4**> 攪拌好的麵糊放進擠袋裡，用 12 號花嘴在烤盤上擠出想要的麵糊形狀（圖 f-j）

1 閃電泡芙
* 擠成 12-14 公分的長條形

2 巴黎 - 布雷斯特泡芙
* 擠成直徑 10 公分左右的環狀圓圈形（或長條形）

3 聖東諾黑泡芙
*4 個直徑約 5 公分的小圓花形泡芙

4 修女泡芙
*1 大 1 小的圓花形泡芙

注意：擠在烤盤上的泡芙記得要留 2-3 公分的間隔，因為烤過後泡芙會膨脹，若沒有留空間，烤好時泡芙會擠在一起

6 用叉子沾水在泡芙麵糊上輕壓整形，將擠花收尾的尖頭壓平並做出紋路，烤起來比較漂亮（圖 k）

7 烤箱預熱至 200℃，將 <**6**> 放入烤 8 分鐘

卡士達奶油餡

材料

- 牛奶　500 克
- 香草莢　1 支（視個人喜好添加）
- 糖　125 克
- 鮮奶油粉　90 克
- 蛋黃　4 顆

為了讓卡士達奶油餡更濃稠而使用的鮮奶油粉 (poudre à crème)，必須到甜點材料專賣店買，若無法取得，可以「混合 45 克麵粉＋ 45 克玉米粉」來代替

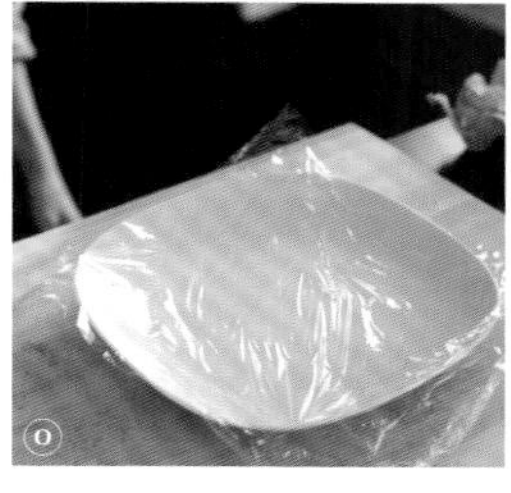

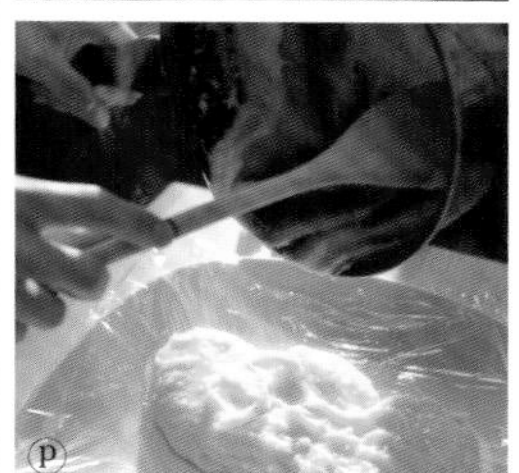

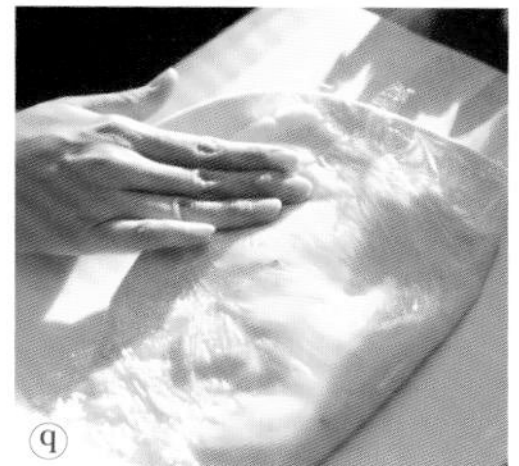

做法

1 將香草莢切對半，用刀子刮出香草籽，全部放進牛奶中一起煮沸

2 取一容器，將糖、鮮奶油粉、蛋一起攪拌均勻（圖 l）

3 將煮沸的牛奶倒入 <**2**> 中，均勻地攪拌（圖 m）

4 再將 <**3**> 倒回煮牛奶的鍋子裡，放回爐上以中火煮，不停地攪拌大約 1 分半鐘，直到變成濃稠狀便可離火（圖 n）

5 準備一平底的淺盤，鋪上保鮮膜。將 <**4**> 放在淺盤裡用保鮮膜包起來，放進冰箱冷卻約 2 小時（圖 o-q）

6 取出 <**5**> 用攪拌器攪拌均勻便完成了

1 *Éclair* 閃電泡芙

* 先準備數個長條形泡芙皮

其他材料

• 凝脂狀糖霜 (fondant blanc)　100 克

• 巧克力粉　5 克

做法

1 先用 10 號花嘴在長條形泡芙上平均戳 3 個洞，將卡士達奶油餡裝入擠袋中，從剛才戳的洞擠入奶油餡（圖 r,s）

2 製作「巧克力口味糖霜」：將凝脂狀糖霜和巧克力粉攪拌均勻，再用小火煮

糖霜在法文裡叫 fondant（也譯作「翻糖」），煮糖霜的時候溫度不可超過 37℃，否則冷卻後糖霜無法完全凝結

3 取 <**1**> 的泡芙，以擠入奶油餡的那面沾 <**2**> 的巧克力糖霜，靜置待涼（圖 t）

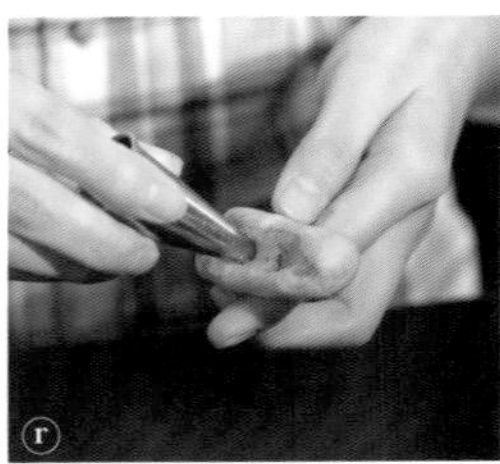

r

s

t

2 *Paris-brest* 巴黎 - 布雷斯特泡芙

* 先準備數個環狀（或長條狀）泡芙皮

其他材料

• 榛果顆粒或杏仁片　少數

做法

1 將泡芙從橫面對切成一半

2 將卡士達奶油餡裝入擠袋中，用 12 號花嘴把奶油餡擠在其中一半的泡芙上，再將另一半泡芙蓋上，可灑上榛果顆粒或杏仁片添加香味

3 Saint-honoré 聖東諾黑泡芙

* 先準備 4 個小圓花形泡芙皮

其他材料

- 砂糖　200 克
- 鮮奶油　300 克
- 細糖粉　30 克

做法

1 先製作一個直徑約 10 公分的圓形平板塔皮作為底座，（做法請見 P. 28-29「檸檬塔」）口味以原味為主

2 將卡士達奶油餡裝入擠袋中，在泡芙上戳個洞，擠入奶油餡

3 將糖放入鍋中，加水淹過糖，用中火熬煮糖水直到變成紅褐色的焦糖

4 將泡芙其中一面沾上焦糖，放在烤箱紙上待涼

5 製作「香緹鮮奶油」(Crème Chantilly)：將鮮奶油和細糖粉一起打發，靜置備用

6 在 <1> 的塔皮上放 3 個泡芙

7 將 <5> 打發的香緹鮮奶油放入擠袋中，用 10 號鋸齒狀花嘴在 3 個泡芙中間擠入鮮奶油，填滿泡芙間的空隙

8 最後在頂端放上 1 顆泡芙，擠上鮮奶油，最簡單的小型聖東諾黑泡芙就完成了！

4 Religieuse 修女泡芙

* 先準備大小兩種尺寸的圓花形泡芙皮

其他材料

- 凝脂狀糖霜　100 克
- 巧克力粉　5 克

做法

1 將卡士達奶油餡裝入擠袋中，在泡芙上戳個洞，擠入奶油餡

2 製作「巧克力口味糖霜」：將凝脂狀糖霜和巧克力粉攪拌均勻，再用小火煮

注意：煮糖霜的時候溫度不可超過 37℃

3 將大小泡芙一面各自沾上 <2> 的糖霜，將小泡芙放到大泡芙上，靜置待涼。泡芙上可再擠巧克力糖霜裝飾

{ 我的幸福甜點課 }

為我指點迷津的飯店主廚告訴我，法國人學習技術，會選擇到一般的職業學校，Ecole Grégoire-Ferrandi（巴黎斐杭狄技術學校，簡稱 Ecole Ferrandi）便是其中一所很棒的職校，他建議我到那裡的高等廚藝科系，可以學到非常紮實的工夫。

打聽了幾所學校，親自去試聽，其中包括大家熟悉的藍帶學院，最後我很確定 Ecole Ferrandi 正是我所需要的。除了因為師資、設備都很好，注重實際操作，最重要的是全程以法文授課。我認為要學習一個國家的文化，使用他們的語言才能學到精

1 2

3

4

5

6

1,2 //// 上課時很快地記下重點，每天回家第一件事就是把照片列印出來，並將當日所學整理成漂亮的筆記。

3,4,5 //// 當一天的課程快結束時，老師要每位同學將這天做的所有成品一一擺在桌上，再一個個講評。我的作品常受到稱讚，給了我很大的自信和成就感。

6 //// 天天朝夕相處了 9 個月，班上的 12 位同學都有了深厚的友誼。

髓，事後證明我的想法是對的。老師（廚師）在教課時常常滔滔地講解，進行到某個步驟時，會自然地提醒一些細微的技巧或該注意的地方，就像我之前說過的，做甜點要眼明手快，這時如果透過翻譯很可能會遺漏或者來不及傳達。加上這裡的學費也比較便宜，實在是一舉數得。

由於 Ecole Ferrandi 很搶手，報名後等了一年，通過書面資料審查，之後還必須與主廚面談，確定學習動機、法語溝通等各方都沒問題才獲准入學。我上的班級是專門為成人開設的。原來法國的上班族如果想要轉業，可以向公司提出申請，通過後，公司和政府會提供全額的學費讓他們到職業學校學習想要的新技能。我們班上 12 個學生，除了我和另一位日本人之外，其餘的全是這樣背景的法國人。像這種甜點班，我那個學年總共也只有兩班，名額真的很少。

在 Ecole Ferrandi 的這一年，是我在巴黎最充實的時光！每天早上 6:30 起床，7:30 到學校，換廚師服、帶刀具、工具，8:00 準時上課。老師邊講解我們邊做，或者大家一起合作，到 11:30 開始收東西準備吃午餐。學校有很棒的實習餐廳，餐點和服務全都是學生自己來。從前菜、主菜到甜點，每道都很美味。品嚐佳餚，和朋友愉快地閒聊，真正地感受用餐的快樂！而這樣豐盛的一餐只收 4 歐元，學生還有折扣，真的很划算！午休後便繼續上課到下午 5 點。

我和班上的同學都相處得很好，他們大部分年紀比我大，由於是為了轉業才來上課，學習動機很強、很樂於發問，也因為都是有過工作經驗的社會人，提出的問題有一定的程度，因此和他們一起學習讓我進步神速，也激勵我想要達到同樣的水準。老師上課不使用講義，聽到什麼就得趕快記下來，每個步驟我都拍照存證，老師講到比較技術性的、不太懂的就趕快問其他人。剛開始同學都覺得我瘋了，因為上課時又要聽又要做，根本沒時間，我居然還拍照！全班也只有我這麼做。不過後來大家發現有照片的好處，每個人都跟我要照片，後來甚至會說：「Linyi, 快來拍！」很配合地幫忙我做記錄。因此我的筆記非常漂亮，寫得既詳細還貼滿照片，考試時同學都把我的筆記當武功秘笈。說真的，他們超愛我的，我也是超幸福的！

什麼是化學變化？
教科書上說：「當一個接觸另一個分子合成大分子；或者
分子經斷裂分開形成兩個以上的小分子；又或者是分子內部的原子重組……」
總之，簡單來說，就是從變化產生之後，
我們或許看起來像是原來的自己，卻又已經不是原來的自己。
戀愛就有這樣的魔力！

戀愛是一種化學變化

guimauve au citron jaune

檸檬棉花糖

你也許不知道，製作甜點的地方（廚房、工作室）有自己的名字喔！—— laboratoire，這個法文字的意思是「實驗室」。為什麼叫實驗室呢？

「做甜點其實和做實驗很像，因為甜點是靠各種食材的化學變化做出來的！」在 Ecoles Ferrandi 上課的第一天，老師這麼告訴我們。利用不同食材的特性、加入的順序，經過改變溫度、攪拌等等動作之後，食材的性質也隨之改變，所以做甜點必須了解如何使用食材，份量、步驟和時間的掌握也很重要。

譬如巧克力，加熱融化變成液態，在其中加入不同的食材就變成另一種形態，例如加入香緹鮮奶油、蛋白變成慕絲；加英式奶油醬變固態的巧克力醬；但是如果巧克力加熱超過 45°C，它的組織會被破壞，就算再放進冰箱凝結成固體，口感和質地也已經完全不一樣了。而且巧克力的成分純度不同，也會有不同的變化。

又譬如我們也常將麵粉、蛋白、糖粉和奶油做成像紙的薄片來裝飾，拌入膠質比較多的水果泥，以低溫烘烤，就會變得像餅乾一樣，這又跟原來的材料完全不一樣了！還有，吉利丁（明膠）也是很神奇的東西，它對甜點太重要了！究竟它是如何用動物膠質做出來的？誰又那麼聰明發明這麼好用的東西，可以讓所有東西都變固體？

這一切對我來說既新鮮又有趣，每天上課都像在玩甜點，這麼多端的變化讓我感覺到甜點真是一個深奧的世界，我可以在當中盡情發揮，創造出專屬於我的甜點，而且永遠沒有玩完的一天，你不覺得這樣的世界真的很迷人嗎？

關於「棉花糖」

棉花糖法文叫作“guimauve”，和英文的“marshmallow”是相同的東西。marshmallow 是一種名為「藥屬葵」的植物，它的根部有很稠的黏液，據說古羅馬人就懂得利用它來凝結蜂蜜等藥材做成止咳的喉糖，不過現在我們已經都用吉利丁代替了。

難易度：★★

guimauve au citron jaune

檸檬棉花糖

材料

(A)
- 砂糖　375 克
- 葡萄糖　40 克
- 水　110 克

(B)
- 玉米粉　200 克
- 糖粉　200 克

（其他）
- 吉利丁　6 片
- 檸檬　3 顆
- 蛋白　95 克

事前預備工作

1 將吉利丁泡在冷水裡軟化

2 檸檬皮刨絲

3 製作裹棉花糖的糖粉：將材料 (B) 混合均勻

做法

1 將材料 (A) 放進鍋裡用中火煮沸（鍋中放溫度計測量溫度）（圖 a）

2 先將蛋白放入攪拌機裡，等 <1> 糖水煮到溫度達 115℃時就可以啟動攪拌機，開始打發蛋白（圖 b）

3 當糖水溫度到達 127℃時，將吉利丁擰乾，和檸檬絲一起放進糖水裡攪拌（圖 c）

4 將 <3> 倒進攪拌機裡和蛋白混合，攪拌約 10 分鐘後棉花糖會漸漸變溫，這時候就可以停止攪拌機（圖 d, e）

5 先將裝棉花糖的有邊盤子（塑形容器）及烤箱紙噴上一層植物油，接著將 <4> 倒進盤子裡，用刮刀刮平，再鋪上剛才噴灑過植物油的烤箱紙，放置冰箱約半天的時間（圖 f, g）

6 取出成形的棉花糖，切成長形、方形或其他你想要的形狀，再裹上事先拌好的糖粉就完成了（圖 h）

一點小說明

在 <5> 中使用「噴霧式植物油」，可以將油脂均勻地噴在容器和烤箱紙上，一般的甜點材料店會賣這種現成的噴霧式植物油。（用植物油是因為成本不像奶油那麼高。）但如果只是在家裡少少做幾個，或者手邊沒有噴霧式植物油，也可以用之前教大家的“beurrer”的方式抹上奶油代替。（請參考 P25「瑪德蓮」做法 <1>）

千層麵糰，顧名思義就是烤出來的酥皮多達千層。
為了製造這樣的效果，必須將兩種不同的材料一起擀平、摺疊、放置，
一次又一次耐心地重複同樣的動作。
小心地付出，等待，付出，再等待……讓它靜靜地產生變化，完全急不來。
戀人之間，情感的經營不也是如此？
所以做甜點跟愛情一樣，都是一種修練。

千層麵糰既簡單又複雜，因為它看來只是重複相同的動作，但又必須注意許多細節。首先我們得先對千層麵糰的製作過程有個概念，它可以分為三個階段：

1. 製作外層麵糰
2. 將奶油與外層麵糰結合
3. 摺疊千層麵糰

製作時，要注意控制廚房和工作枱的溫度。奶油一旦變軟會失去可塑性，無法順利延展開來；而溫度升高和過度擀壓也會讓麵糰的麩質大量增加，變得愈來愈硬，烤出來的派皮就無法膨鬆酥脆，因此麵糰每次摺疊後要放進冰箱冷藏，為的就是冷卻奶油，並讓麵糰的麩質結構放鬆；此外就是要切實地將麵糰用保鮮膜包好再冷藏，以保持溼度，免得麵糰的表面和邊緣變硬。

千層麵糰的用途極廣，和塔皮、泡芙一樣，千層麵糰也是法式甜點的基礎，許多甜點都是從這變化而來。可以做成棕葉形油酥餅 (palmiers)、皮提維耶酥餅 (pithivier)、一口酥 (crout de bouche)、蘋果派包、國王餅等等。本篇示範的「千層薄餅」也是麵糰的另一種應用。

學校教我們的都是最基本的功夫。法國甜點一直在進步，尤其近年來變化的速度之快、創新的花樣之多更是令人目不暇給。離開學校正式進入職場後，發現：老師教的某些甜點已經沒有人在做了！雖然如此，但由於我們的基本功非常紮實，很快就可以舉一反三，跟上腳步，不致與激烈競爭的真實世界脫節，原因就在於其實做甜點的基本要求並沒有改變，例如慕絲要如何攪拌才不會讓奶油塌下來、塔皮和千層派皮要怎麼做才漂亮等等，法國甜點的創新仍然脫離不了這些基礎。

難易度：★★★

la pâte feuilletée

千層薄餅

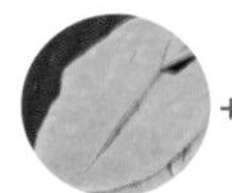 + 

千層麵糰

材料

(A) 麵糰

- 麵粉　500 克
- 鹽　10 克
- 水　250 克

(B) 包入奶油

- 奶油　380 克

奶油份量必須是麵糰（麵粉 + 鹽 + 水）總重量的 **50%**

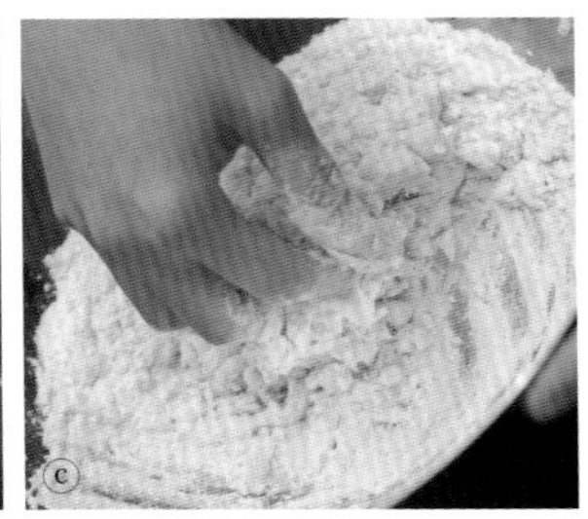

事前預備工作

1 將鹽溶入水中

2 將麵粉（和容器）放在乾淨、冰涼的桌上，在麵粉中間做出一個凹洞，一點一點地將 <1> 鹽水倒入麵粉中，用手攪和在一起（圖 a-c）

請均勻地攪拌，不要有殘留的塊狀麵糰

3 將麵糰揉成圓形之後，再用水果刀在麵糰的表面畫出深約 1.5 公分的十字形刀痕，接著用保鮮膜包起來，放入冰箱靜置約 30 分鐘醒麵（圖 d）

做法

1 將奶油夾在烤箱紙中，在室溫下用擀麵棍敲軟，直到擀成薄片了，再把奶油對摺起來，繼續敲打，然後壓成方形（圖 e-g）

2 在桌面上灑一些麵粉，取出醒好的麵糰放在桌上，用擀麵棍壓平麵糰的四個角邊，最後將會呈現中間凸起來的形狀，（擀平的麵糰面積須比 <1> 奶油要大）調整麵糰方向讓四個角分別朝向上下左右（圖 h）

3 把 <1> 的方型奶油正擺放在 <2> 麵糰中間，將麵糰上下左右四個邊角向內包蓋住奶油塊，形成一個四方形的麵糰（圖 i, j）

4 接著用擀麵棍壓麵糰：一邊用擀麵棍敲打，一邊擀平麵糰（至大約 22 公分的長度），讓麵糰和奶油附著在一起，然後將之繼續擀成 15 × 40 公分的長方形

5 開始摺疊麵糰，有兩種方法：

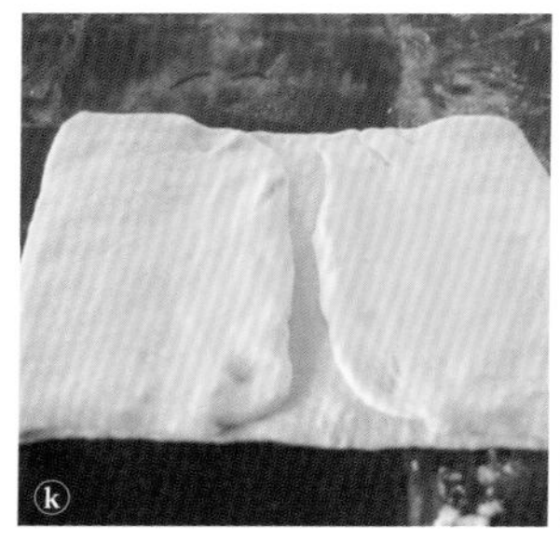
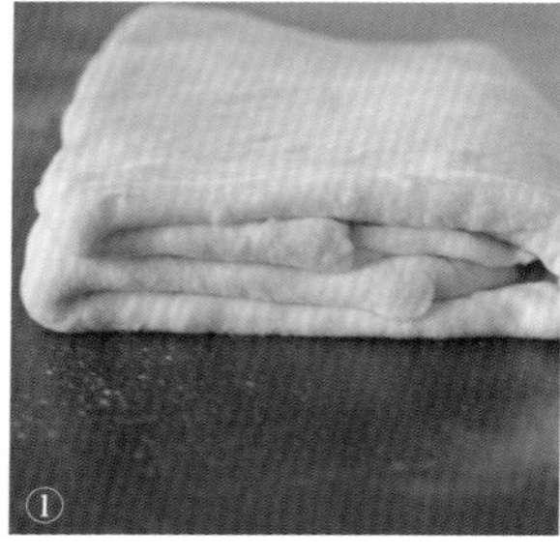
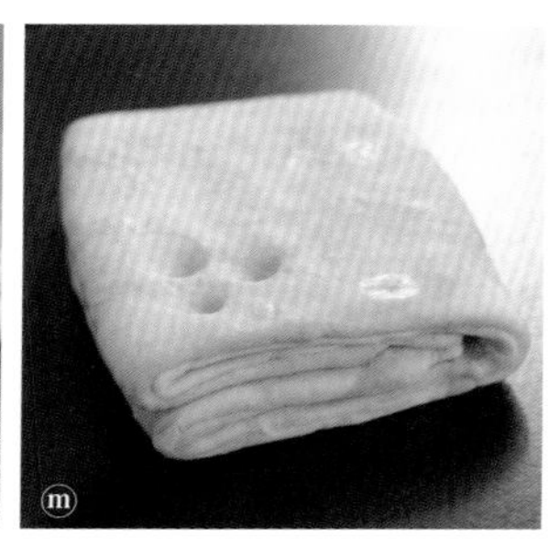

一、「皮夾式對折法」：將麵糰的兩端分別向中間對摺，然後再對摺合起來，接著用保鮮膜包起來放入冰箱靜置 30 分鐘→這個動作要重複做 4 次，總共需要 2 個半小時的時間（圖 k, l）

每對摺一次，要用食指在麵糰上按壓一個洞作記號，之後再用保鮮膜包起來放進冰箱冷藏，以避免忘記重複此動作的次數（圖 m）

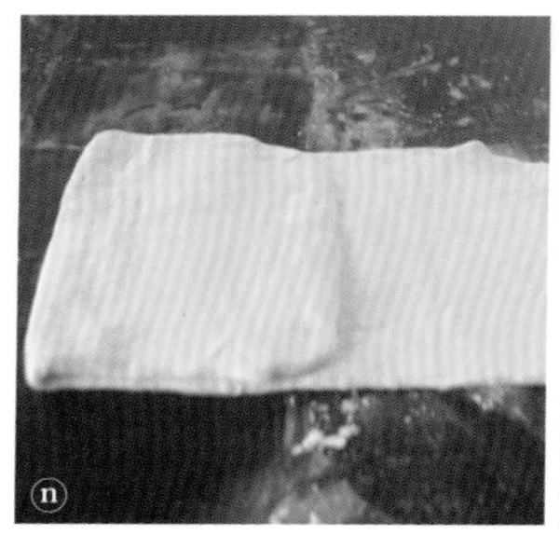

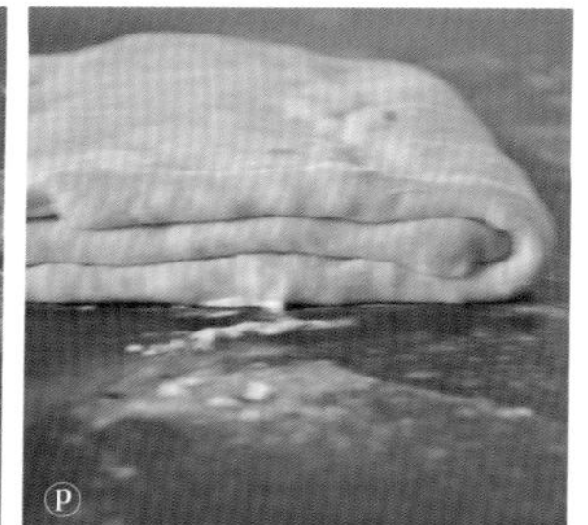

二、「簡單式對折法」：將麵糰一端向內摺到約 1/3 的位置，然後再將另一端對摺覆蓋上來，也就是包摺成 3 等份，接著用保鮮膜包起來放入冰箱靜置 30 分鐘→這個動作要重複做 6 次，總共需要將近 4 小時的時間（圖 n-p）

皮夾式對折法重複 4 次，與簡單式對折法重複 6 次，同樣都將麵糰共摺疊了 1,459 層，所以叫做千層麵糰。採用皮夾式對折法會比簡單式對折法足足省了 1 個小時

6 將麵糰順著摺疊方向擀平成長方形，這就是基本的千層麵糰。要利用麵糰製作成品時，可依不同用途及用量切割成數等份，再一一擀平（圖 q, r）

製作薄餅與組合

做法

1 將千層麵糰用擀麵棍擀平後，再用雙手將麵糰緊實地捲起來，切成 10 等分，每份麵糰約 25 克（圖 s, t）

注意：不須太大，因為之後要將它壓得很扁平

2 將 <**1**> 壓平後，再用刀尖畫出葉子的形狀，上面灑上一層薄薄的糖粉（圖 u, v）

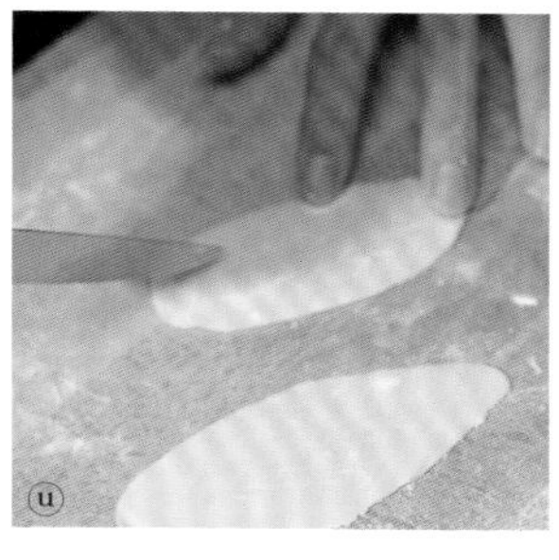

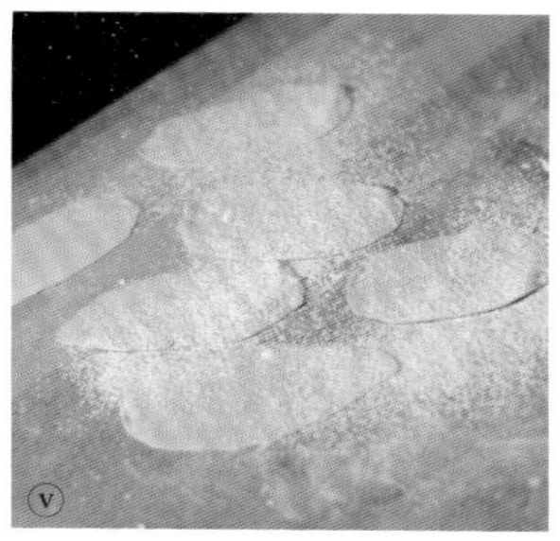

3 烤箱預熱至 200℃。在烤盤上先鋪烤箱紙，放上薄餅麵皮，上面再放張烤箱紙，然後壓一個烤盤，放進烤箱烤約 10-15 分鐘（圖 w, x）

壓烤盤的目的是避免麵皮在烤的過程中過度膨脹，以便做出薄餅的效果

4 取 3 塊千層薄餅來組合，中間內餡可以擠入香緹鮮奶油或者卡士達奶油醬，旁邊再放上新鮮的水果或冰淇淋，就是一道可口的擺盤甜點囉！（圖 y, z）

「卡士達奶油醬」請參考 P35「卡士達奶油餡」

「香緹鮮奶油」請參考 P37「聖東諾黑泡芙」做法 <**5**>

要成為一位甜點師，我認為至少要具備
一顆細膩的心＋絕對的專注＋堅定的意志力＋驚喜的創意；
至於一個完美的情人嘛——
＝尊重＋理解＋體貼，當然，還有很多很多愛……
在巴黎，要品嚐完美的甜點並不難，
不過，這世上有完美的情人嗎？答案你得自己去找囉！

什麼是「四之四麵糊蛋糕」？它是使用四種甜點最基本的食材——奶油、糖、蛋和麵粉，以各 1/4 比例的份量做成麵糊去烤，（也就是 4 個 1/4 ！）我們比較熟悉它的另一個名字——磅蛋糕 (pound cake)。猜到了嗎？就是用這四種材料各 1「磅」做成的！外國人取名字，其實也沒什麼高深的學問啊～

四之四麵糊蛋糕（也就是「磅蛋糕」）在台灣很多地方都買得到，相信喜愛烘焙的朋友也一定常做。雖然只是簡單的甜點，但由於使用奶油的比例很高，散發出濃郁的奶油香，（所以也有人叫它「奶油蛋糕」或「布丁蛋糕」）還可以隨季節和喜好添加材料變化不同的口味與口感，真教人難以抗拒！在忙裡偷閒的午茶時間，經常一杯茶或咖啡，切一片四之四麵糊蛋糕，既解饞又能同時滿足空虛的胃，所以它也是家庭「常備良糕」，有空不妨花一點點時間為自己和家人烤一個吧！

說到稱呼，法國稱糕點師為“pâtissière”——做糕點 (pâtisserie) 的人。而這個做糕點的人，在最初也只是用麵糰做餡餅而已；只是經過幾個世紀的演變，如今甜點師必須學會十八般武藝才行。但不管再怎麼變，甜點仍然脫離不了麵粉、奶油、糖、蛋……這些基本材料，加上熟練的技巧、高明的創意以及其他食材的運用，就能千變萬化了。

我報考法國甜點師國家執照時，考試的內容就包括蛋糕（麵粉類）、巧克力、冰淇淋、糖果等。一個合格的甜點師必須了解食材並且完美掌握——麵粉的各種運用、是否懂得控制巧克力、會不會做冰淇淋用的英式奶醬、如何操作煮糖的溫度等等。緊接著的這幾篇我想介紹與這四樣相關的甜點，不過大家並沒有要考甜點師執照，所以我示範的都是做法簡單的家常基礎版。不必是甜點師，任何人都可輕鬆享受法式的甜美！

關於麵粉

法國使用的麵粉和台灣不大一樣，區分的名稱也不同。常用的有 Type45 與 Type55（也稱為 T45、T55），兩種的差別在於灰分的含量。我通常使用 Type45 來做甜點，它的灰分含量為 0.5-0.6%，大概接近台灣的低筋麵粉；至於 Type55 則較少用，比較接近中筋麵粉。

難易度：★

quatre-quarts

四之四麵糊蛋糕

材料

(A)
- 奶油　250克
- 砂糖　250克

(B)
- 全蛋　200克
- 牛奶　50克

(C)
- 麵粉　250克
- 發酵粉　8克

另外可以準備一些變化口味的食材，如原味優格、水果乾或檸檬絲、橘子絲、核桃等（依個人喜好選擇添加）

事前預備工作

1 先將材料 (A) 的奶油切成小塊，放在室溫下軟化，這樣放進麵粉混合時比較好揉捏（圖 a）

2 蛋糕烤模內先噴灑一層植物油（圖 b）

做法

1 將材料 (A) 一起放入攪拌機攪拌，直到兩者均勻混合

2 將材料 (B) 加入 <1> 中一起攪拌，也可加入一點原味優格，全部攪拌均勻（圖 c-e）

3 麵糊攪拌完成後，加入一些果乾，用刮刀稍微拌一下，倒入蛋糕烤模中，再鋪上些許切碎的核桃（圖 f, g）

4 烤箱預熱至 180℃，將 <3> 放進烤箱烤 15 分鐘，降溫到 150℃繼續烤約 50 分鐘，確認烤好後即可取出脫模，趁熱在蛋糕表面刷一層檸檬汁增添風味（圖 h）

想知道蛋糕到底烤好了沒？

可以拿一把水果刀，將刀尖插入蛋糕的正中央，刀子拔出來時若刀尖沒有沾黏麵糊就表示蛋糕已經烤好，但如果還沾著麵糊的話，那麼就得再烤一些時間。

Attestation de Formation

Le Département Formation Continue de

L'Ecole Supérieure de Cuisine Française

atteste que Mademoiselle Yi LIN

a participé à la formation Préparation au CAP de Pâtissier/Glacier/Chocolatier/Confiseur

organisée du 22 septembre 2004 au 24 mai 2005

Paris, le 24 mai 2005

Le participant

Le Directeur du Département

CHAMBRE DE COMMERCE ET D'INDUSTRIE DE PARIS
Écoles GRÉGOIRE-FERRANDI
28, rue de l'Abbé Grégoire
75279 PARIS CEDEX 06
Téléphone : 01 49 54 28 00
Télécopie : 01 49 54 29 78

ÉCOLES GRÉGOIRE FERRANDI
ÉCOLE SUPÉRIEURE DE CUISINE FRANÇAISE

CHAMBRE DE COMMERCE ET D'INDUSTRIE DE PARIS

Écoles GRÉGROIRE-FERRANDI - 28, rue de l'Abbé Grégoire - 75006 Paris - Tél. 01 49 54 28 00 - Fax : 01 49 54 17 51

MINISTÈRE DE L'ÉDUCATION NATIONALE, DE L'ENSEIGNEMENT SUPÉRIEUR ET DE LA RECHERCHE

ACADEMIE DE PARIS

CERTIFICAT
D'APTITUDE PROFESSIONNELLE

PATISSIER GLACIER CHOCOLATIER CONFISEUR

Délivré à MADEMOISELLE LIN YI

né(e) le 21 OCTOBRE 1980 à TAIWAN

Conformément au procès-verbal de l'examen établi le 08 JUILLET 2005
par le président du jury

E. VERBAEGHE

signature du titulaire

A010506-00006652

{ 叫我“pâtissière”！ }

雖然頭銜、職稱對許多人來說並不那麼重要，但在法國要對外自稱「甜點師」，同時要能被外界認可，還是必須經過資格認定。法國人很重視職業教育，職校與職業訓練都辦得很好，也很注重文憑，職校畢業後通常都會參加「職業能力證照」(CAP) 國家考試，這是本國人找工作必備的條件。

由於我是外國學生，學校不會要求我去考 CAP 國家文憑，但我始終認為既然學了就要得到認可，不只是領到學校的畢業證書，也要像本國學生一樣取得甜點師資格，才算給自己一個交代；更何況若是日後打算留在法國就業，文憑是絕對必要的，因此我進學校時就打定主意和全班同學一起報考，所以也要同時上術科以外的學科課程，為筆試做準備。

在九個月的學校課程結束後，CAP 國家文憑考試登場了。先考術科，之後再考學科。很幸運地，術科的考場就在我們學校【註】，在熟悉的場所考試讓我安心不少。考試時間很長，從上午 8 點到下午 4 點。早上考的是與麵粉有關的，例如可頌、海綿蛋糕、蘋果塔等，下午則是考巧克力、冰淇淋、糖果等其他甜點，主要是評估考生對於糕點基本食材的掌握度。雖然都是考基本功，但平時若不熟練，臨場還是很可能因為緊張而失常。

評審不僅看廚藝，還會看我們做甜點的態度，包括當天帶的器具齊不齊全、制服乾不乾淨、有沒有達到衛生標準（進廚房前有沒有洗手、製作過程是否注重衛生等等）……這些小細節都是評分的重點。總分 20 分，12 分以上才算及格，我拿到 14 分多，算是不錯的分數。即使我們學校應屆學生取得文憑的比例很高，但班上仍然有 2 位同學沒有通過考試，只能明年重新以個人名義報考。

從 2004 年 9 月開始，經過九個月充實的學習，我終於在 2005 年 7 月順利取得法國國家文憑，從此我可以以「甜點師」的身份展開人生之路，對我來說有著重大的意義！在這樣令人雀躍的心情下，對於隨之而來的 3 個月的實習生活，我心中滿懷著興奮與期待。

【註】：Ecole Ferrandi（巴黎斐杭狄技術學校）由於設備優良，經常作為舉辦各類比賽或考試的場地。

1　2　|　3　4
5
6

1 //// 2005 年 5 月，我從 Ecole Ferrandi 斐杭狄高等廚藝學校糕點科系畢業。

2 //// 通過法國國家舉辦的「職業能力證照」考試取得 CAP 文憑，成為真正的糕點師。

3,4 //// 充實愉快的甜點學習生活告一段落，留下了美好的回憶。

5 //// 這是在甜點學校上課期間，為朋友慶生親手做的手指餅乾加草莓慕絲蛋糕，上面再用巧克力寫「生日快樂」。看來是不是頗有專業甜點師的架勢呢？

6 //// 在甜點學校上課期間租屋的住處，充滿了我學習的回憶。這裡離學校不遠，在很久以前一樓是馬舍、樓上是住家，但是後來都改為辦公室和住家了。

自己在家做水果軟糖，
雖然在掌握凝固程度及軟硬度上需要一些經驗，失敗率比較高，
但畢竟坊間販賣的糖果為了保存或增色，不免添加化學成分，
比不上自家做的來得健康與安心。
請用我示範的簡單版水果軟糖做法試試看吧！
親手做也是一種愛的表現喔！吃起來絕對比糖更甜蜜～

甜甜心頭好

pâte de fruits à la mangue

芒果水果軟糖

難易度：★★

pâte de fruits à la mangue

芒果水果軟糖

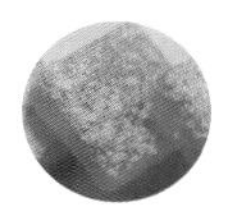

材料

- 芒果泥　200 克
- 檸檬汁　20 克（或用檸檬 1 顆榨汁）
- 紅砂糖　200 克
- 礦泉水　300 克
- 吉利丁　4 片（8 克）
- 砂糖　適量

事前預備工作

1 將吉利丁泡在冷水裡軟化

做法

1 將芒果泥、紅砂糖、檸檬汁、水一起放進鍋裡煮沸（圖 a-c）

2 吉利丁擰乾，放入 <**1**> 煮 3 分鐘（圖 d）

3 在模型（有邊的容器）內先鋪上耐熱的保鮮膜，將 <**2**> 倒入，放進冰箱冷藏（圖 e）

4 食用前取出切成小方塊，再裹上砂糖就完成了（圖 f）

一點小說明

用來凝固果汁的材料，我建議使用吉利丁（明膠），一來口感較軟 Q 有彈性，製作上也較容易。但若是素食者有所顧慮，（吉利丁的原料來自動物膠質）也可以改用等量的洋菜粉，（燕菜精，agar agar）但口感比較脆，製作起來難度比較高。不過，使用吉利丁必須注意：某些富含「蛋白質分解酵素」的水果（如芒果、鳳梨、木瓜、奇異果、無花果等）會破壞吉利丁的凝固力，因此必須先將水果煮沸使酵素失去作用後，再加入吉利丁。

漫步在雲端
mousse au chocolat
巧克力慕絲

「慕絲」的法文“mousse”原意是「泡沫」，
也就是說，藉著快速打發蛋白和鮮奶油讓其中充滿空氣
就是製作慕絲的要訣！
我常覺得慕絲是會教人想要談戀愛的甜點，
軟綿綿的、一入口就化開的感覺，真像是含了雲朵一般輕飄飄的，
又像是耳畔的戀人絮語，絲絲入扣……

難易度：★

mousse au chocolat

巧克力慕絲

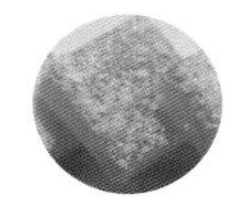

材料

- 黑巧克力　250 克
- 蛋白　120 克
- 砂糖　100 克
- 鮮奶油　80 克
- 裝飾用的焦糖軟糖、水果等　適量

做法

1 將巧克力切塊，隔水加熱，融化後放溫

另一個更簡便的方法：將巧克力切成小塊，一半放進微波爐加熱，之後再與另一半巧克力混合攪拌

2 將蛋白和砂糖一起放進攪拌機中快速攪拌，直到蛋白打發為止（圖 a）

3 鮮奶油打發，將 <**1**> 巧克力拌入 <**2**> 的蛋白中，然後再加入打發的鮮奶油，一起攪拌均勻（圖 b-d）

為避免破壞打發的蛋白，先用攪拌器拌幾下，之後再用橡皮刮刀由外向內拌勻

4 將 <**3**> 裝入透明杯中，放入冰箱冰涼。享用時可加上焦糖軟糖（牛奶糖）、紅色水果（如莓果）等裝飾，口感更豐富

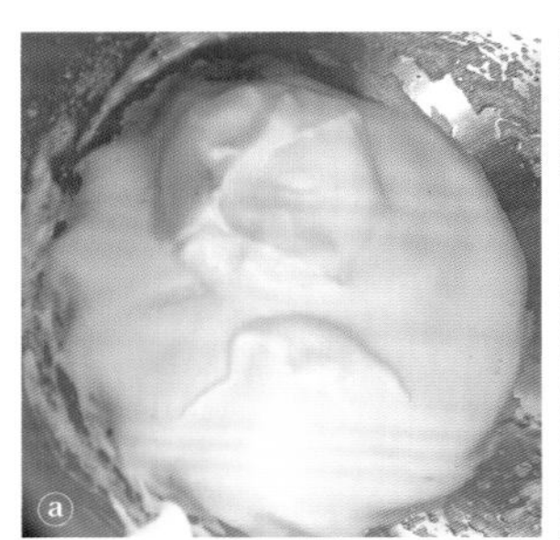
a

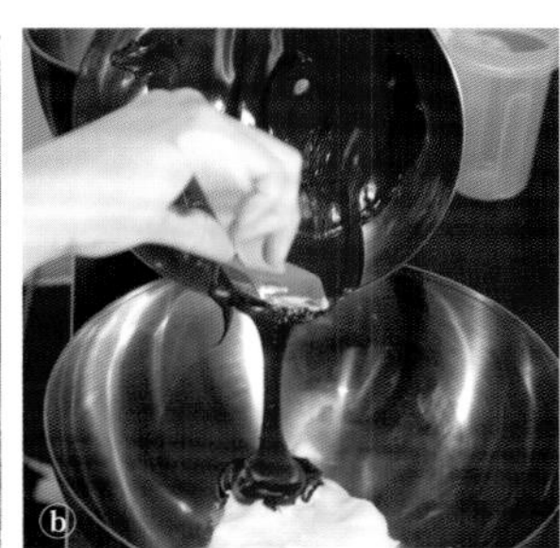
b

c

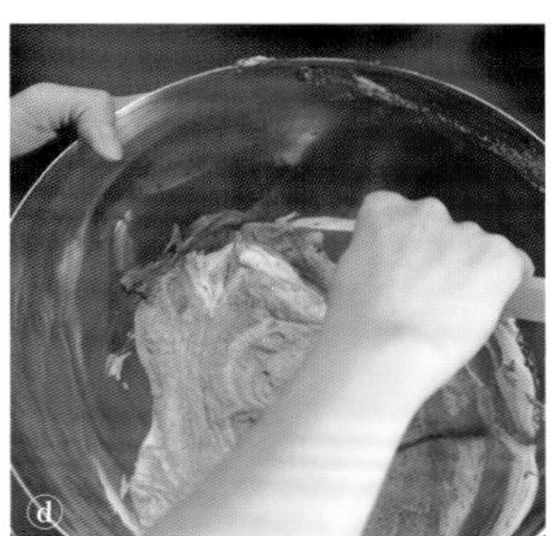
d

在冷熱與酸甜之間

sorbert framboise

覆盆子水果雪酪

一般在製作冰淇淋時，會加入粉狀葡萄糖來增加黏稠度，
以及添加穩定劑使冰淇淋保持良好的狀態。
若只想單純享受新鮮健康的清涼，不妨在家自己動手做，
我準備了一道沒有製冰機也可以簡單製作的水果雪酪，
再加上奶酥與果漿，其中的冷熱、酸甜、爽脆與細緻，
一定可以為你帶來夏天的開朗！

難易度：★

sorbert framboise

覆盆子水果雪酪

材料

- 新鮮覆盆子　1 公斤
- 水　100 克
- 砂糖　100 克
- 檸檬汁　少許
- 奶酥　適量（做法參考 P12「法國風味草莓乳酪蛋糕」）

做法

1 將水和糖一起放入鍋中煮沸成糖水

2 將新鮮覆盆子放進果汁機中，再將 <1> 的糖水倒入，以果汁機攪打均勻（滴入幾滴檸檬汁風味更佳））（圖 a, b）

若已有覆盆子醬（泥），也可將 <1> 的糖水直接倒入攪拌均勻

3 放進冷凍庫約 3-4 個小時，再拿出來用果汁機打均勻，之後再放入冷凍庫約半天即可。食用時可先在杯中放入奶酥，再加入雪酪，然後淋上一點覆盆子果泥，就是一道視覺與口感都豐富的甜點了！（圖 c）

意亂情迷的滋味

macaron au chocolat

巧克力馬卡龍

說到馬卡龍，就不能不提到巴黎最知名的甜點店 Ladurée ！
它也是我第一個實習的職場。
Ladurée 讓傳統的馬卡龍發揮到極致。
砂糖滲出圓餅表面烤出的脆脆薄膜，
綿密略黏的杏仁蛋白餅，中間搭配既驚喜又速配的內餡，
那滋味怎麼形容呢？……我想，就像是戀愛吧！

難易度：★★★

macaron au chocolat

巧克力馬卡龍

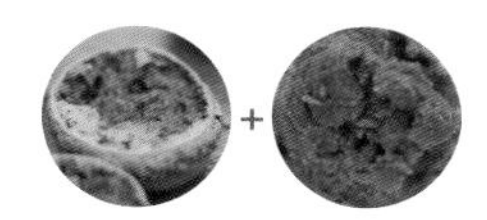

杏仁蛋白餅

材料

(A)
- 糖粉　140 克
- 杏仁粉　140 克
- 巧克力粉　20 克
- 老蛋白　55 克

(B)
- 砂糖　150 克
- 水　35 克
- 老蛋白　55 克

前一天的預備工作

1 準備「老蛋白」：將蛋白（共 110 克）放入冰箱冷藏一天以上

做法

1 將材料 (A) 的糖粉、杏仁粉、巧克力粉先過篩後，用軟橡皮刮刀（或刮板）攪拌均勻，再加入老蛋白繼續拌勻成巧克力杏仁麵糊（圖 a-d）

a

b

c

d

2 製作「義式蛋白霜」：

(1) 將材料 (B) 的砂糖和水放進鍋中，並放入溫度計，開始煮糖水（圖 e）

(2) 取另一容器放入材料 (B) 的老蛋白，待糖水煮沸至 110℃時，啟動攪拌機快速打發蛋白；當糖水溫度到達 121℃時立刻熄火，將糖水倒進打發的蛋白裡一起攪拌，直到打成角狀立起的狀態就可以停止了（圖 f, g）

3 將 <**2**> 義式蛋白霜取一半倒入 <**1**> 巧克力麵糊裡拌勻後，再將剩下一半也倒入一起攪拌（圖 h-j）

4 在擠花袋裡放進直徑 1 公分的花嘴，倒入 <**3**> 的麵糊

5 在烤盤上鋪一張烤箱紙，擠上大小約直徑 3 公分的馬卡龍麵糊（圖 k）

先用擠花袋擠一些麵糊在烤盤四角，再黏上烤箱紙，這個動作可以避免在烤的過程中烤箱紙飛起來，之後再擠上馬卡龍麵糊

6 擠完後靜置約 1 個小時，用手指觸摸麵糊表面，麵糊不沾手就可以了

7 烤箱預熱至 140℃，先放進去烤 4 分鐘，然後轉換烤盤方向再烤 5 分鐘，烤好後取出放涼（圖 k）

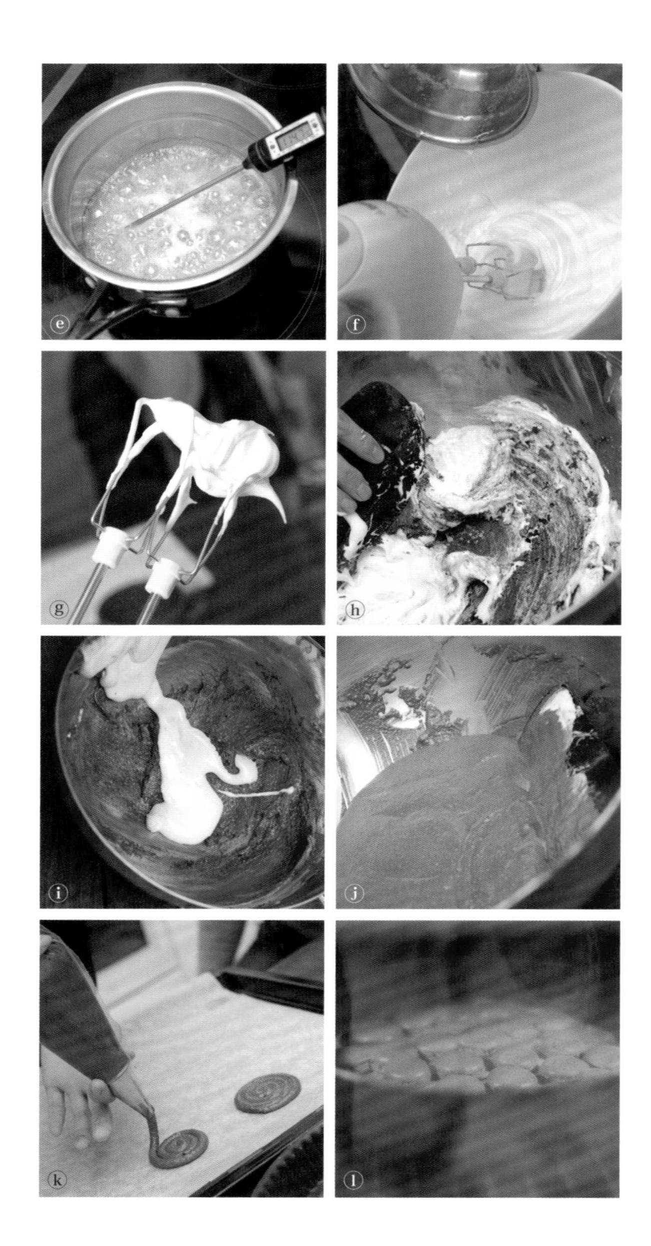

製作馬卡龍的祕訣

1. 蛋白要用老蛋白，也就是將蛋白放置冰箱 2-3 天使它失去彈性，那麼就可以做出很好的麵糊
2. 在進行做法 <1> 混合麵糊時，請用軟橡皮刮刀壓碎麵糊，均勻地和老蛋白攪拌在一起，直到麵糊開始出現光澤就可以了
3. 在做法 <6> 擠好馬卡龍麵糊後，請切記放置約 1 個小時，這樣才可以烤出杏仁蛋白餅漂亮的蕾絲裙邊
4. 烤箱也非常重要！要了解烤箱的特性，才能烤出美麗的馬卡龍

檸檬甘那許巧克力醬

材料

- 牛奶巧克力　87 克
- 黑巧克力　87 克
- 奶油　30 克（切小方塊）
- 鮮奶油　175 克
- 檸檬汁　15 克（新鮮檸檬榨汁）

做法

1 取一容器，放入兩種巧克力隔水加熱至融化後離火（圖 m）

2 將鮮奶油加熱後，倒進 <1> 的巧克力中均勻攪拌（圖 n）

3 加入奶油塊，最後再倒入檸檬汁拌勻，靜置冰箱放涼（圖 o）

m

n

o

p

＋ 組合

做法

1 取一片杏仁蛋白餅，在裡側放上甘那許巧克力醬，再以另一片相扣黏合即可（圖 p）

松露巧克力

馬卡龍內餡「甘那許巧克力醬」還可以做成松露巧克力。做法很簡單，將甘那許巧克力做成塊狀，外面裹一層巧克力醬，再沾上巧克力粉就可以了。（圖 q-s）

q

r

s

{ Ladurée 實習：機會靠自己爭取 }

若問我最想去哪家甜點店工作，我會毫不猶豫地回答── Ladurée！我愛極了他們的甜點，因此在選擇實習地點時，它是我心目中的 Top 1。一結束國家文憑考試，沒等放榜就馬上準備好履歷表送到第 6 區的 Ladurée 分店。

近年來因為馬卡龍爆紅，許多人到 Ladurée 完全是衝著這些小圓餅，甚至還有人以為 Ladurée 專賣馬卡龍，其實它有 80% 的產品還是維持傳統。我喜歡它的檸檬塔，修女泡芙也很出名，研發了許多像是玫瑰、黑莓等等新的口味。就是因為它既傳統又創新，而且真的好好吃，才會讓我如此著迷。

一個星期後，沒下文；立刻又再送一份履歷到瑪德蓮教堂旁的分店，又等了一個星期，還是沒回音！我有點急了，不能再等下去，得趕快找到實習地點才行。於是我帶著履歷表衝到香榭麗舍的 Ladurée，向店員問廚房的電話號碼。我在店門口直接撥電話找主廚。主廚說他很忙，沒空見我。當時我也不知哪來的勇氣，便請求他：「我現在已經在店門口了，可不可以請你出來和我見一下面，5 分鐘也好，我只想拿履歷表給你。」他可能感受到我的積極，真的出來見我。（原來中央廚房就在這家店後面）我遞上履歷表，他看了一眼，說：「等一下，」轉身走進廚房，出來時手上拿著一疊紙，

1 2 | 3 4

1 //// Ladurée 店裡總是擠滿了爭相購買的人潮，五顏六色的小可愛，真教人猶豫不知該挑選哪種口味才好！當你終於選好之後，店員會依你挑選的數量裝進大小適當的漂亮盒子裡。

2,3,4 //// 現在到處都可以看到馬卡龍不同尺寸及口味、樣式的變化。後來我自己在設計甜點時，也創作了「玫瑰馬卡龍」、加入冰淇淋內餡的馬卡龍，同樣受歡迎喔！

「我桌上已經有你的 2 份履歷表了。」看完後，當場簽名核准！

7 月 1 日，我準時到 Ladurée 報到。第一天派到麵包部門。在 Ladurée 有不少亞洲人前來實習，日本人尤其多，裡面的員工認為實習生是免費來學習的，便用力地使喚你。剛開始他們看我是亞洲人，又是女生，完全不把我放在眼裡，後來發現我動作俐落、效率很高，主管還特別走過來問我：「你之前在哪邊實習過嗎？」「沒有，這是我第一次實習。」他滿意地點點頭走開了。磨了一個星期之後，該學的都學了，於是向主管要求想要換部門。但主管不同意，這時我又不知哪來的勇氣開口爭取：「我來實習就是想多學，多了解每樣東西的做法。」就這樣，我順利被調到另一個部門。

這次我的工作是負責用叉子沾水在所有的泡芙上拍打，我第一次看到層層架上滿滿的泡芙！二話不說開始埋頭苦幹。做到一半，泡芙部門的主管突然走過來對我說：「你可以走了，你動作太慢，我不需要這種人！」當下我整個傻住，心裡很自責也有些委屈，不知不覺掉下眼淚，（真丟臉！）只好再去找那位幫我調部門的主管，沒想到他竟跑去責備泡芙主管，把他調走，換另一個法國男生來教我。「怎麼會這樣？」我還搞不清楚發生什麼事，但更令人意想不到的是，這位教我如何拍打泡芙的法國男生，竟然是我未來的先生！只能說命運真是太奇妙了～

就這樣，我隨著生產線輾轉到蛋糕部、裝飾部、巧克力部。至於最有名的馬卡龍部門，由於食譜不外流，因此並沒有安排實習。Ladurée 廚房像個制度化的小工廠，生產流程分工很細，若每個部分都要學到精通，恐怕得花上兩年的時間。我在這裡雖然只有兩個月，但受益良多，最大的收穫是大開了眼界，「原來糕點可以這樣做！」還認識新的食材和配方。即使實習生能做的只是那些細枝末節、無關緊要的工作，但翻看當時的筆記，就會發現學到的細節還不少，像是在英式奶醬中加入什麼食材來做變化、如何醃製櫻桃、蛋糕上用哪些材料裝飾等等。實習的好處是，當你實際操作過一遍後就會記在腦海中，比看十遍食譜還有用。我想這就是法國如此重視實習的原因吧！

曾聽過一句話——在對的時候遇到對的人，才能成就一段美好的愛情。
我認為愛情沒有對錯，但食物卻有它最適合品嚐的季節。
時令水果、狩獵季的野味、熟成的乳酪……
「嗯，這東西就是要現在吃剛剛好！」
你絕對會感謝自己把握了這恰到好處的美味。
所以，重點在於把握時機吧！不論是美味，還是人生。

戀戀季節風

mirliton à l'ananas

鳳梨蜜莉冬蛋糕

蜜莉冬 (mirliton) 是一道來自諾曼第的甜點，一種介於克拉芙緹奶醬 (clafouti) 與杏仁醬之間的綜合體，質地十分細緻，且充滿杏仁濃郁的香氣。在蜜莉冬裡加入水果能使味道更鮮美，並增添口感，因此常搭配季節水果來做變化，尤其適合略帶酸味的鳳梨、櫻桃、奇異果……我喜歡逛巴黎的傳統市場，那裡是最能直接領略季節感的地方了，永遠有當季最新鮮的食材等你買回家品嚐，我也樂於將季節感表現在甜點創作上。

學習甜點，讓我更加體會到把握時間和時機的重要。在 3 個月的實習結束後，我認為應該按照當初的計畫接著上法國料理課程，趁著年輕把該學的都學好，因此立即向原來的學校 Ecole Ferrandi 申請入學，接受大約半年的廚藝訓練，結束後同樣報考 CAP 國家執照。

學校的課程非常棒，我從沒學過法國料理，獲得許多新的概念，但我沒想到的是——它竟讓我重新愛上甜點！前一年的甜點課單純只聚焦在甜點的做法，但法國料理的甜點課完全不同，它必須像是「一道菜」那樣被設計、呈現、品嚐——這就是我後來迷上的「擺盤甜點」(desserts a l'assiette)。它講究創意、花樣繁多，平衡之外還必須有驚喜。

也因為擺盤甜點是餐廳才會有的「菜色」，現點現做馬上品嚐，因此甜點的種類也不一樣。甜點課多是教蛋糕、慕絲、瑪德蓮等等，可以在甜點舖、麵包店販賣的單一品項；而法國料理課教的是紅酒燉西洋梨、舒芙蕾這類無法事先做好、會出現在餐廳 menu 上的甜點，即使同樣是焦糖布蕾，兩種課程的呈現方式也不同。法國料理讓我看到了做甜點的另一個角度，一個更寬廣的領域。

我真的很慶幸自己做了這個決定，把握了走向人生開花結果的季節。

難易度：★

mirliton à l'ananas

鳳梨蜜莉冬蛋糕

材料

- 榛果奶油（焦化奶油） 80克
- 全蛋　5顆
- 杏仁粉　120克
- 砂糖　120克
- 牛奶　210克
- 鮮奶油　210克
- 鳳梨　依喜好準備適量

事前預備工作

1 製作榛果奶油：將奶油放入鐵鍋中加熱直到呈現金黃色、開始散發榛果般的香味就可以熄火，放涼

2 鳳梨切丁

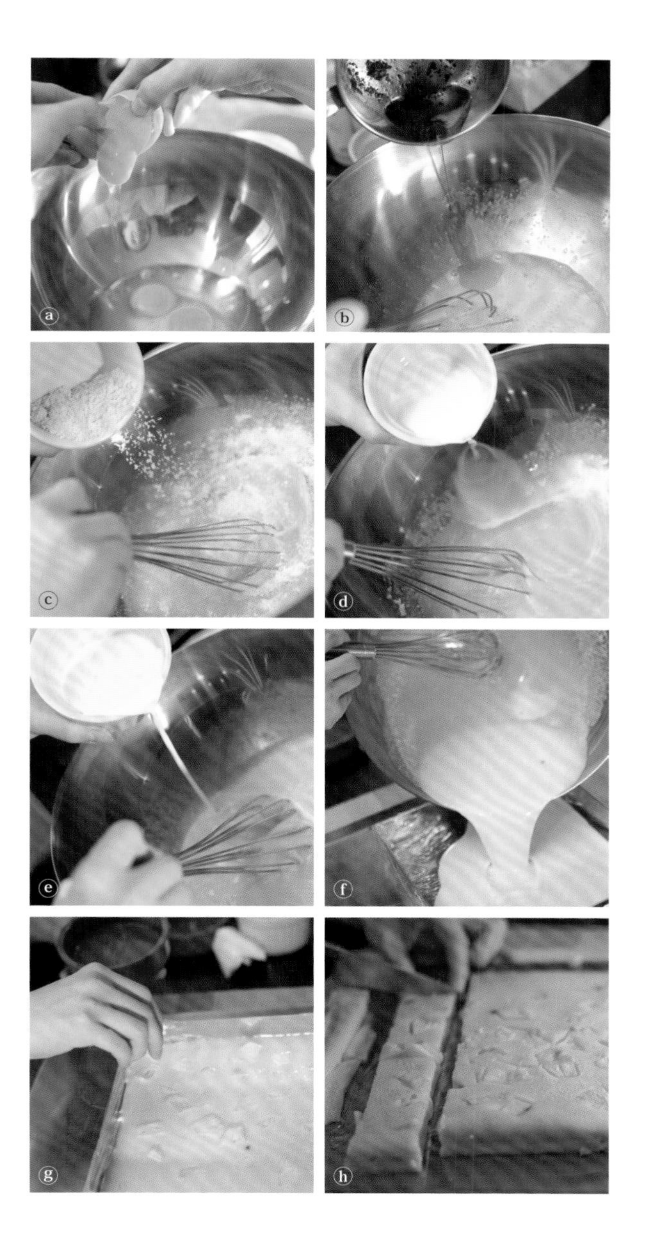

做法

1 將蛋和砂糖一起攪拌，再加入放涼的榛果奶油拌勻（圖 a, b）

2 將杏仁粉、牛奶和鮮奶油倒入 <**1**> 中一起攪拌，就完成了奶醬（圖 c-e）

3 將<**2**>倒入烤模中，平均放入鳳梨丁（圖 f, g）

4 烤箱預熱至 180℃，放入 <**3**> 烤約 15 分鐘即可取出切片。食用時可和新鮮鳳梨丁一起享用（圖 h）

一點小技巧

不論是使用環狀烤模或一般烤盤，可先在裡面鋪上耐熱的保鮮膜再倒入奶醬，（注意四個角落要仔細鋪好！）烤好之後比較容易取出。

舒芙蕾看似容易，若要做得漂亮其實需要相當的技巧，
一個步驟不留意就可能影響成果，但做成功了會很有成就感。
雖然在甜點課學過，但我真正覺得做出了足以自豪的舒芙蕾
是在米其林一星餐廳短短一週的實習中，
由一位慷慨無私的法國主廚傳授我食譜和訣竅。
現在我也與大家分享這個令我信心大增的舒芙蕾食譜。

夢想長大了！

soufflé au chocolat

巧克力舒芙蕾

法國料理課讓我對裝飾性十足的「擺盤甜點」有了概念和濃厚的興趣，但真正見識到它的華麗巧妙卻是在 Michel Troisgros 餐廳實習的時候。

研習法國料理課程那個跨年的聖誕假期，我請老師為我介紹可以實習的地方。那時很多人放假，餐廳正需要人手。老師問我想去法國菜廚房嗎？短短一週可能學不到什麼。但我當時對甜點產生了新的興趣，很想去正式的餐廳看看究竟怎麼一回事。於是老師介紹我到香榭麗舍的 Lancastel 飯店、名廚 Michel Troisgros 進駐的米其林一星餐廳。

當我前去與甜點主廚面談的時候，我嚇了一跳，沒想到竟是一位日本女主廚，她操著流利的外語，看來是個十分嚴謹的人，亞洲女性能在這樣的環境與法國男性競爭，必定非常有能力。（後來證明我的觀察沒錯！）她同意之後，請甜點儲備主廚負責帶我。我仍然維持一貫的積極，隨身帶著筆記本和相機，明確地表示會認真學習。這位長我幾歲的法國主廚真的好慷慨，每樣甜點都教我，一一解釋、讓我動手參與，還允許我抄食譜。這一週內，雖然他只教我一遍，但我學會了他所做的 80% 的甜點。

這麼多甜點中，惟獨只有「舒芙蕾」他不讓我碰，因為現烤需要時間，做壞了就得讓客人再等 10 分鐘，不容許失敗。但我還是不死心，苦苦哀求，他終於拗不過讓我試一次，結果非常地好！之後他就放心交給我做了。這就是法國人，只要讓他們對你有信心，就能贏得他們堅定的信賴。

誰會相信米其林一星餐廳的甜點是出自一個初生之犢之手呢？我的自信和甜點夢也隨著舒芙蕾膨脹而升高了。所以舒芙蕾可是「林猗甜點史」上的 No. 1 喔！

難易度：★★

soufflé au chocolat

巧克力舒芙蕾

材料

- 64% 巧克力　50 克
- 巧克力粉　5 克
- 奶油　30 克
- 蛋黃　1 顆
- 蛋白　3 顆
- 砂糖　40 克

事前預備工作

1 準備 2 個舒芙蕾烤模，在模子裡面均勻地塗抹一層奶油（圖 a）

在烤模裡抹奶油時，用刷子刷或用紙巾擦都可以，但注意：塗抹的方向必須由下往上，這樣舒芙蕾在烤的過程中才能順著方向往上膨脹

2 塗好後再灑上薄薄一層砂糖，放進冰箱靜置備用（圖 b）

在烤模內沾一層薄薄砂糖的方法：倒一些砂糖在 <1> 的烤模內，轉動模子讓砂糖均勻地附著在奶油上，再將多餘的砂糖倒出，然後抹去杯口沾附的砂糖即可

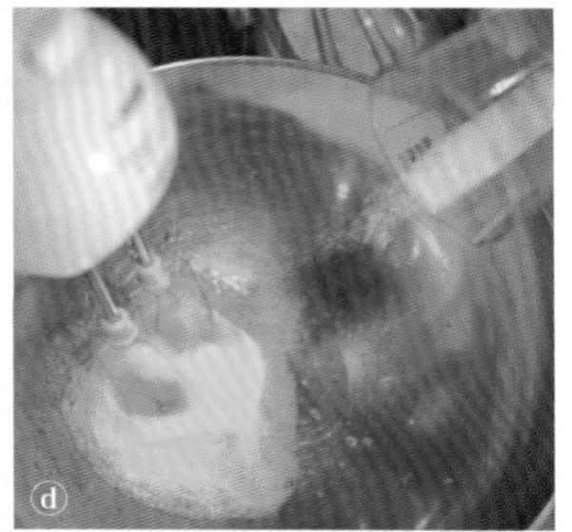

做法

1 將巧克力、巧克力粉和奶油隔水加熱融化，溫度須控制在大約 37℃（圖 c）

注意：不要過度加熱，否則巧克力過熱就做不出舒芙蕾了

2 將蛋黃打散，並加入些許砂糖拌勻

3 蛋白打發，同時將剩下的砂糖分 3 次加入攪拌（圖 d）

4 將 <**2**> 的蛋液加入 <**1**> 融化完成的巧克力醬裡，一起攪拌均勻（圖 e）

5 再將 <**3**> 打發的蛋白倒入 <**4**> 中輕輕地拌在一起，然後倒入烤模中，每個約裝 8 分滿（圖 f, g）

拌入蛋白時注意不可過度攪拌，不然蛋白會塌下來，舒芙蕾就無法向上膨脹

6 烤箱預熱至 200℃，放入烤約 8 分鐘，待舒芙蕾漂亮地膨脹起來即可取出，在上面灑些巧克力粉就可以上桌了！（圖 h）

1 2 3 | 4 5 6 7

1 //// 年輕的 Christian，現已是米其林三星 Guy Savoy 餐廳的甜點主廚。多虧了這位愛護我的良師益友，讓我得以見識星級餐廳的地獄廚房。

2 //// 2005 年底，在前往實習餐廳的路上，巴黎飄著雪，大家正準備過新年，我則踩著踏實的步伐朝夢想前進。

3 //// 在 Michel Troisgros 餐廳實習時見識到的完美舒芙蕾。

4,5,6,7 //// Michel Troisgros 廚房完成的美麗甜點。雖然只是短短一週的實習，卻帶給我極大的震撼與啟發。

{ 米其林一星餐廳實習 }

經過 Michel Troisgros 一星餐廳的洗禮，我發現在厲害的地方跟高明的廚師學習能進步神速，因此當法國料理課程畢業、CAP 考試一結束後，我又請老師為我介紹實習的餐廳。這次也是米其林一星餐廳 Le Chiberta，為期一個月。

甜點主廚是一位法國人 Christian，大我 2 歲，個性相當火爆。他動作迅速，與其要教我這個新人，不如自己做比較快，所以我也沒有動手的機會。第一週他只讓我在旁邊看他做一遍，然後解釋菜單，我回家把當天教的都記下來；然而第二週，情況改

變了。因為記下了他的食譜，當他要做同樣的甜點時，我馬上配合步驟將所需的器具都準備好，一用完又立刻拿到水槽清洗，騰出空間讓他工作，就像他的小助手。

他很驚訝，說我跟他很像，腦筋動得夠快，也很喜歡我做事的方法。因為我的幫忙節省他的時間，於是我開始提問題，「為什麼需要兩個鍋子？」「溫度應該如何？」……他便有空、也願意慢慢跟我解釋。其實這是從小跟著媽媽在廚房學做菜養成的習慣，加上剛開始我不知道如何與他相處，（我沒遇過這樣的法國人）又不想呆呆站在旁邊像個沒有用的人，我想要參與，結果反而因此和主廚培養了好默契，慢慢地他也願意丟一些比較簡單的東西讓我做，亞洲女生手很巧，我做得又快又好，就可以繼續要求學更多。

在 Le Chiberta 實習也是很難得的經驗，除了技術，我觀察到很多其他事物。比如餐廳的運作模式、擺盤方式等，都與 Michel Troisgros 不同。每位主廚有自己的個性和歷練，就像他們做出來的甜點一樣，不必言傳，吃一口就能體會。日本女主廚的是精美嚴謹，Christian 是大方熱忱，那麼我的甜點又是哪種個性呢？

有情人都沉醉……

figue au vin rouge

蜜漬紅酒無花果甜心

我常覺得，美麗的擺盤甜點是真正的美女，擁有迷倒眾生的魅力。
法式擺盤甜點成功的關鍵是——讓人一眼就愛上你的傑作！
先抓住對方的視線，用香氣迷倒他的理智，
垂涎欲滴的模樣令人想一親芳澤，醉人的滋味又教他輾轉難忘……
這樣的感覺是不是很像「命運的邂逅」呢？
下次也試著創造一道讓人一見鍾情的甜點，迷惑你的有情人吧！

難易度：★

figue au vin rouge

蜜漬紅酒無花果甜心

材料

- 無花果　3-4 顆
- 蜂蜜　適量
- 糖水（砂糖加熱融化）適量
- 奶油　適量
- 紅酒　1 杯
- 肉桂棒　1 根
- 八角　1 個

做法

1. 先用刀尖在每個無花果中間切十字形，深度約 2 公分（圖 a）
2. 在小鐵鍋中放進一些蜂蜜和糖水，加熱至有點焦糖化後，放入無花果，水果底部要沾到醬汁（圖 b）
3. 加入奶油，一邊攪拌使融化的奶油和醬汁混合，並翻動無花果，使水果外皮每個部分都能浸到醬汁
4. 加入糖水繼續煮，這時無花果中間切開的部分已略微打開（圖 c）
5. 倒進紅酒、八角和肉桂一起煮大約 10 分鐘，同時用湯匙舀湯汁淋在無花果正中間，讓切開的十字形慢慢展開，使果肉充分吸收醬汁後取出擺盤（圖 d）

a

b

c

d

1

2

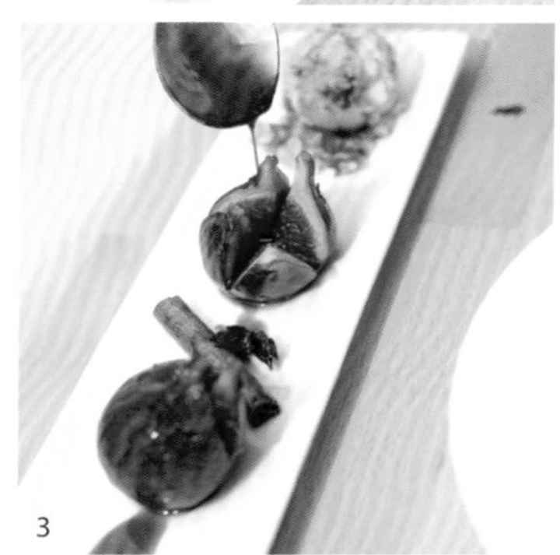
3

4

5

蜜漬紅酒無花果甜心的擺盤說明

1. 先依甜點構想好搭配的材料、選擇食器
2. 小心將甜點盛入盤中，調整好角度
3. 利用煮無花果的八角、肉桂棒以及剩下的醬汁來裝飾
4. 加上冰淇淋，做出不同溫度、味道和口感的落差
5. 在無花果尖上點綴金箔，反映內斂的華麗光芒

{ 擺盤甜點 }

「擺盤甜點」(desserts à l'assiette) 之所以迷人，是因為它不只是甜點，而是藝術品。

一般甜點舖或麵包店販賣的大多是可以久放、方便攜帶的甜點；擺盤甜點則是餐廳廚房現做的，只須坐在位子上等著服務生端上來，不管是甜點的造型、質感（柔軟或易脆）、溫度、添加醬汁……都更加自由不受限制，多樣元素的組合更考驗著甜點師的技巧，以及對於口感的搭配、構圖、配色等方面的概念與品味。

為了做出令人耳目一新的裝飾，甜點師無所不用其極。例如將砂糖煮到焦化之後，放乾變成一塊糖，放進機器打成糖粉，再進過濾器篩得更細，接著放進烤箱以高溫烤約 30 秒，這時焦糖從固體烤回液體之後，又使它乾燥凝固成透明薄片拿來裝飾。這個技術很難，非常容易失敗，成功率大約只有 3 成，但這比紙還薄的糖片擺起來真的很漂亮。又比如，將薄荷葉順著葉脈切成小小的方形，必須切得很工整，再混進糖漿裡，像水中浸著綠寶石，擺盤時是非常精緻的點綴，同樣地，它的失敗率也很高。

數年前擺盤界很流行巧克力球，我工作的 Guy Savoy 三星餐廳也跟上那股潮流。當這道甜點被端上桌時，空心的巧克力球裡面藏著令人好奇的餡料，客人還來不及猜出它的內容，熱熱的巧克力 sauce 淋在巧克力球上，球熔化了，「哇～」在客人的驚嘆聲中，謎底揭曉！

這就是星級餐廳帶給客人的美食饗宴，所以一項作品才需要這麼多人來完成。對廚師來說是考驗耐心，也是挑戰極限，有時，我覺得甚至已經到了著魔的地步！

最後一分鐘的完美演出

名廚 Guy Savoy 談法式甜點

為了讓大家更能窺見法式甜點的堂奧，我帶著感謝的心情回到曾經工作的 Restaurant Guy Savoy 拜訪老闆、也是法國名廚 Guy Savoy，以及在工作上提攜我的甜點主廚 Christian Boudard。這也是我第一次有機會和 Guy Savoy 聊聊他對法式甜點的看法。

「法式甜點基本上是從甜麵包【註】(brioche) 變化而來的，甜麵包是維也納甜點麵包 (Viennoiserie) 的一種，」一提到法式甜點，Guy Savoy 就像學識淵博的老師父那樣談了起來，為我這個外國人上了一課，「所有加了奶油、糖的甜味麵包，像是可頌 (croissant)，統通為 "Viennoiserie"，它的種類很多，這給了法式甜點發展的靈感。」Guy Savoy 說，對他而言甜點也是這樣，範圍很廣，包括糖漬水果 (confiserie)、巧克力等等，並不侷限於餅乾、蛋糕。

雖然甜點種類和變化很多，但對於自家餐廳的甜點，Guy Savoy 卻有相當的堅持。「餐廳的甜點是 "dessert"，和 "patisserie" 不同，」（中文都譯為「甜點」）"partissirie" 指的是一般的甜食，而「"dessert" 應該被當作是那一餐的最後一道菜，所以甜點的設計和呈現也應該與餐廳的其他料理一樣，源於同樣的哲學和理論基礎，而且品質、要求也必須一致；也就是說，同樣要有溫度、口感、不同的層次變化。所以 "dessert" 不可能事先做好等著，要像前菜、主菜一樣現點現做，甚至是在最後一分鐘、最後一秒——客人準備享用甜點、服務生算好時間出菜那一刻才完成！」這也就是為什麼廚房永遠處在備戰狀態，因為隨時必須做好最後一分鐘的完美演出。

【註】：從前法國麵包（法文叫 "pain"）只是簡單地用麵粉加點鹽、水和一和，例如長棍麵包，外皮硬、裡面軟，是一般人的主食；而甜麵包裡頭軟、外皮也軟，算是點心，價錢也比較貴。法國大革命時就流傳著一個與甜麵包有關的謠言：不知民間疾苦的瑪莉皇后詢問農民為何造反？「因為他們沒有麵包吃。」瑪莉皇后感到不可思議地問：「沒有麵包 (pain)，那為何不吃甜麵包 (brioche) 呢？」

從餐廳的擺設、餐具和營造的氣氛，可以看出 Guy Savoy 在經典與現代之間展現的個人獨特風格。

「現今甜點潮流的走向、變化，和我年輕當學徒時已經有很大的差別了。當時甜點車上有各種不同的甜點，客人可以自己選取喜歡的放在一個盤子裡。」目前餐廳雖然還是保留甜點車，但對 Guy Savoy 來說，它的意義比較像是為了滿足對甜點的各種欲望才存在的，客人選了之後，廚房還是以擺盤甜點的方式送到客人面前。「法國的甜點這十年來的變化比過去一百年還要大，這和科技的進步、很多人投入創意和才華有關，大家都在想如何求新求變，未來創新的腳步還會加速前進。」前進的不僅僅是甜點，Guy Savoy 數十年來積極拓展他的美食版圖，最近更將腳步邁入亞洲，在新加坡開了新的 Restaurant Guy Savoy。「如同歐洲一樣，亞洲也是一個多元的市場，每個國家的人口味都不同，但我認為飲食是沒有護照、可以超越國界的，」只要料理夠好，到哪裡都會受青睞。

訪談最後我問 Guy Savoy，在他的餐廳創作甜點中，最令他感到驕傲的是哪一道？「每一道都是，」他理所當然地說：「會出現在我的菜單上的，不論是菜或甜點，就表示我以它為傲才會推出。其實驕不驕傲並不是重點，好吃最重要！」每一道都是 Guy Savoy 掛保證的美味。「那麼你個人最喜歡的甜點呢？」我還是不放棄。他想了想，俏皮地回答；「就是你做的『小瑞士』啊！那是我最喜歡的。」真令人開心～謝謝老闆！我可以把它當作是恭維和肯定嗎？

法國料理的傳奇 Guy Savoy

現年 59 歲的名廚 Guy Savoy 於 1953 年在勃根地 (Bourgogne) 出生，年輕時就喜歡廚藝，從 15 歲在巧克力工坊實習起，陸續經歷當學徒、赴日內瓦進修、在知名餐廳擔任主廚等過程，逐漸地開始在料理界嶄露頭角，被譽為開拓法國「新料理」(Nouvelle Cuisine) 最年輕的法國傳奇。1980 年 Guy Savoy 開了他的第一間餐廳，一年後拿到米其林一星；1987 年，以他名字為名的餐廳 Restaurant Guy Savoy 在巴黎 17 區開幕，當年即摘下 2 顆星；1988 年之後陸續開了幾間以法式傳統菜為主的小餐館；2002 年 Restaurant Guy Savoy 拿到了米其林第 3 顆星，從此開始向海外發展。

Guy Savoy 是現今法國最知名的廚師之一，曾經多次獲獎，包括 2000 年法國農業部長以及 2009 年法國總統頒發的「法國榮譽軍團勳章」（Legion d'Honneur，法國政府頒贈的國家最高層級榮譽勳章）。

Petit-Suisse

小瑞士冰淇淋

材料

- Petit-Suisse 小瑞士（白乳酪）1.5 公斤
- 全脂牛奶　500 克
- 水　200 克
- 砂糖　200 克
- 葡萄糖粉　75 克

做法

1 請將水放進鍋中煮沸

2 將砂糖和葡萄糖一起攪拌均勻後，再倒進 <1> 煮沸的水中拌勻

注意：一定要先將砂糖和葡萄糖粉一起攪拌，若分開放入沸水中，葡萄糖在攪拌過程中會結塊

3 將小瑞士和牛奶一起攪拌後，再加入 <2> 均勻混合

4 將 <3> 的小瑞士泥全部倒進冰淇淋機器裡攪打，就變成固態的冰淇淋了

我的良師益友

三星甜點主廚 Christian Boudard

一路提拔我的師父 Christian Boudard，也是很年輕時就決定未來的志向，15 歲便開始到甜點店當學徒，在 Ladurée、Gerard Mulot 等名店學習後，發現擺盤甜點既是藝術也是一項挑戰，隨即轉往餐廳朝擺盤甜點發展。他可是甜點大師 Philippe Chapon 的得意弟子之一，在他門下學習長達 4 年半的時間。Christian 原本是 Le Chiberta 一星餐廳的甜點主廚，我就是 2006 年在 Le Chiberta 認識他的，隔年他被老闆 Guy Savoy 派到他同名的三星餐廳主導甜點廚房，而我也就跟隨著他一同前進。

Christian 身材高大，但雙手十分靈巧，從他的甜點作品和工作的樣子可看出他是個膽大心細的人。

Christian 的思考和動作相當靈敏，工作時專注認真、一絲不苟，私底下卻十分平易近人，不過上菜時會大轉性像瘋子那樣暴躁。這種既火爆又冷靜的性格充分表現在甜點創作上——他偏愛冷熱交織的味道和口感，喜歡以當季水果和花為主要食材，例如以煮或煎的水果搭配冰淇淋及餅乾，可以同時品嚐水果的酸甜、奶油和麵粉的香氣，口感上又有鬆軟 vs. 酥脆、溫熱 vs. 冰冷的對比，表現得十分積極，讓人感覺「像個孩子迫不及待地想把他畫的作品給媽媽看」，而留下深刻的印象。目前在 Restaurant Guy Savoy 菜單上的「香檸冰晶」(agrumes) 是 Christian 的得意作品，也是他充分展現自我的代表作。

agrumes

香檸冰晶

這道甜點是由數種柑橘類水果做成果凍、薄餅、冰砂及碎冰，再組合起來。
材料包括：綠檸檬 (lemon)、黃檸檬 (cedrat)、柑橘 (mikan)、佛手柑 (finger lime)、泰國青檸 (kaffir lime) 以及日本酢橘 (sudachi)。

佛手柑檸檬凍

材料

- 佛手柑　2 顆
- 水　250 克
- 砂糖　10 克
- 吉利丁　2 片

做法

1 將吉利丁用冷水泡軟

2 剔出佛手柑果肉顆粒，與砂糖和水一起放入鍋中煮沸

3 吉利丁擰乾放入 <**2**> 中攪拌，隨即倒入容器中，放進冰箱冷藏使之定型

綠檸檬薄餅

材料

- 麵粉　125 克
- 糖粉　50 克
- 綠檸檬（榨汁） 15 克
- 綠檸檬（刨屑） 半顆
- 奶油軟膏　70 克

做法

1 將所有材料均勻混合

2 在工作枱上鋪 2 張烤箱紙，將 <**1**> 放在 2 張烤箱紙中，用擀麵棍壓平，厚度約 0.3 公分（做法請參考 P141「鹹奶油風布列塔尼餅乾」 做法 <**3**>），放入冰箱靜置 1 小時

3 將 <**2**> 麵糰取出，用模型切割出想要的形狀。烤箱預熱至 150℃，放入烤 14 分鐘

青檸碎冰

材料

- 水　1 公升
- 砂糖　200 克
- 泰國青檸（刨屑）2 顆
- 液態葡萄糖　50 克

做法

1 將材料全部放入鍋中煮沸，然後放進冷凍庫製成冰

2 使用前取出用叉子刮成碎冰

檸檬冰砂

材料

- 黃檸檬（刨屑）1 顆
- 礦泉水　500 克
- 砂糖　200 克

做法

1 將砂糖及水一起煮開，再放入檸檬碎屑，放進冷凍庫製成冰

2 使用前取出以冰淇淋機器打成冰砂

畢竟我的經驗還不足，難免不夠到位，還是會被罵得很慘，因此我的壓力也ㄍㄧㄥ到頂點。終於，三個月後我病倒了。

這是我的第一份工作，我對自己的期許很高，全心全力去達到師父的高標準。加上工作時間長，從早上 9 點到結束工作回到家已經過午夜了。雖然下午可以休息 2 個小時左右，但還是不能放鬆；回到家也需要一些時間慢慢釋放壓力才能入睡。從早到晚都處在緊張狀態。即使週日、週一不必工作，一放假就睡覺，但疲勞仍然沒有恢復，感覺到的只有累而已。此外飲食也不正常，晚班前的晚餐因為沒食欲，吃得很少；12 點多回到家後，由於平日沒時間買菜只好吃泡麵充飢。這樣的狀況加上長期站著工作、沒有私生活、各方面嚴重消耗，身體和精神很快就撐不住了。

三個月後，放完假回到餐廳，我突然昏倒了。送醫院後一直高燒不退，又查不出原因，躺了一星期之後才慢慢復原。我的身體向來很健康，這次生病真的嚇到我了，覺得沒辦法再這樣工作下去，於是便向 Christian 辭職。他苦口勸我至少再待三個月，「只做三個月，沒人會相信你是很認真的人，」又說，「而且你還有很多東西還沒學，我之前那樣罵你是為你好，因為我要把你訓練成一個可以獨當一面的人。相信我，你一定熬得過來的！」

我聽他的話乖乖留下來，並且開始留意飲食、調養身體，加上已經度過前三個月最艱難的適應期，工作也漸漸上手變得比較順利，覺得又可以繼續前進了。工作中我知道自己不斷在進步，除了技術，我向 Christian 學到了領導能力、態度、危機處理能力。後來陸續有人離開，我慢慢進階，當我開始教人時，我發現自己變成最資深的了。眼看可以再往上爬，佔有一席之地，這也是 Christian 希望的——栽培出可以取代他的人，他就可以往上進階去做更多事。只是在這一年半的過程中，漸漸地我更加清楚自己想要的是什麼。

在三星餐廳工作的確是很難得的經驗，它讓我的眼界大開，見識到這個領域的極致。法國菜廚房裡有我從未見過的活干貝、新鮮的魚、處理活生生的野味……，甜點食材也是用最好的，就拿香草莢來說，星級餐廳用的是大溪地空運、1 公斤 300-400 歐元的等級；奶油、牛奶用最好的牌子，水果的品質也是最棒的，做出來的蛋糕、 冰淇淋當然好吃，光是食材就贏了大半。還有，三個月換一次菜單，餐具也跟著換，盤子只要有一點刮痕就淘汰。我們常開玩笑說：「在三星餐廳吃飯，吃盤中的食物、也吃盤子！」三星餐廳就是有辦法做到食物和盤子都極端講究，帶給客人用餐的整體高級感。

這確實是個絢麗奪目的世界，但並不像我，待愈久壁壘愈分明。一年半後我選擇離開。Christian 很生氣，一個月不跟我說話。話雖如此，他還是為我找出路，要我再回到 Le Chiberta，跟著新的甜點主廚 Mattheu 工作。

我覺得自己很幸運，遇到這麼好的師父，也很感謝在 Restaurant Guy Savoy 的歷練，讓我在最短的時間內學到最多。因為有三星餐廳的磨練，我知道何謂最高標準，始終給自己必須維持水準的壓力，也因此之後在任何地方工作都能夠勝任愉快。

【註】：Le Chiberta 是名廚 Guy Savoy 餐飲集團旗下的一星餐廳

舌尖的靈感

compote de poire

番紅花糖漬西洋梨

法國人喜歡吃梨，雖然我們統稱為西洋梨，但其實種類很多，
甜點中常用 poire belle helene 來水煮或做成果泥；
另一種 poire wiliams 圓厚多汁，香味濃郁，
也很常拿來做洋梨塔、梨子果泥、利口酒和蒸餾酒，
大家可以視自己喜歡的口感來使用。
食材變化常能激發新的靈感，生活的情趣就隱含在其中。

難易度：★★

compote de poire

番紅花糖漬西洋梨

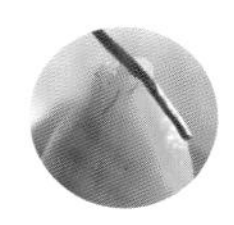

材料

- 西洋梨　1 個
- 砂糖　100 克
- 水　200 克
- 香草莢　1 支
- 橘子汁　300 克
- 番紅花　少許

做法

1 先將梨去皮

2 砂糖和水一起加熱

3 將香草莢切對半，用刀子刮出香草籽，全部放入糖水中煮開

4 加入橘子汁繼續煮，再灑上一點點番紅花（圖 a, b）

5 將梨放入鍋中用小火慢燉，每半小時翻一次使其均勻上色，煮約 1 個小時後關火，靜置放涼至隔天就可以擺盤了（圖 c-e）

一點小技巧

燉煮中的梨若不好翻動，用叉子又怕留下太多痕跡，可以用小刀刀尖輕叉拿取，這樣就不會破壞梨子的外形了。

徜徉愛情海

île flottante

漂浮島

愛情像海洋，有種神秘的魔力，
讓戀愛中的人像是搭上了船，在海中央被晃得暈陶陶的，
著了魔的戀人們隨波逐流，忘了方向……
做漂浮島的時候，我的腦海中浮現這樣的想像。
軟綿的蛋白沉浮在奶香的英式奶醬裡，加上牛奶糖般的焦糖，
那溫醇真令人陶醉。

難易度：★★

île flottante

漂浮島

煮蛋白

材料

- 蛋白　3 顆
- 砂糖　40 克
- 牛奶　300 克

做法

1 將牛奶放進鐵鍋裡加熱

2 將蛋白打發，砂糖分 3 次加入蛋白裡攪打（圖 a, b）

3 準備湯匙當作模型，以湯匙挖取 <**2**> 蛋白做出橢圓形，直接放入 <**1**> 牛奶裡煮大約 2-3 分鐘（圖 c, d）

a

b

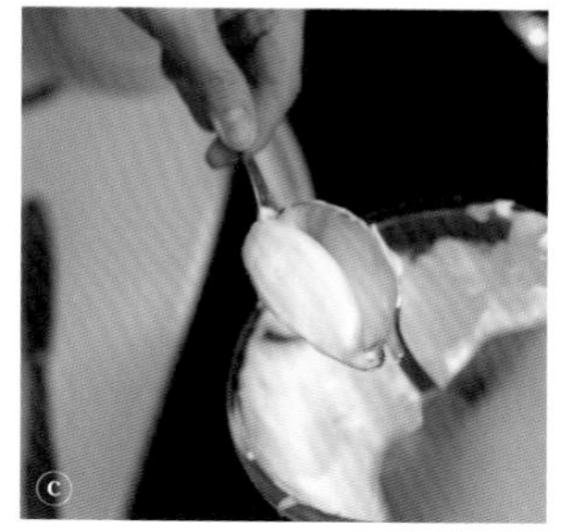
c

d

英式奶醬

材料

- 牛奶　250 克
- 砂糖　50 克
- 蛋黃　3 顆
- 香草莢　1 支

做法

1 將香草莢切對半，用刀子刮出香草籽，全部和牛奶一起放進鐵鍋裡加熱（圖 e-g）

2 蛋黃和砂糖一起拌勻（圖 h）

3 在 <1> 牛奶尚未沸騰時，先將 <2> 倒入 <1> 鍋中和牛奶一起攪拌，然後再倒進碗中攪拌均勻（圖 i-k）

4 再將 <3> 攪拌好的奶醬倒回鐵鍋裡繼續煮，這時候請用小火慢慢加熱，並且一邊用木匙不斷輕輕地攪拌，直到奶醬開始變得濃稠就可以熄火，放涼備用（圖 l）

從步驟 <3> 到 <4>：在牛奶煮沸前先倒出在碗中拌勻，再倒回鐵鍋繼續加熱——這個動作是為了避免讓沸騰的牛奶將蛋黃煮熟

關於英式奶醬

英式奶醬是甜點的基本醬汁，用途很廣。除了「漂浮島」的醬汁之外，很多慕絲、冰淇淋也是用英式奶醬做成的。還可以加入抹茶、巧克力、馬鞭草等材料來變化口味。

製作英式奶醬時較常遇見的問題是——

Q：如何判斷 <4> 的奶醬是否已經煮好了？

A：可以用食指在木匙上面沾了奶醬的地方畫一道線，如果線很清楚、奶醬沒有混合在一起就表示已經完成了；如果奶醬馬上又混合，就表示還需要再煮一些時間（若覺得在木匙上畫線看不清楚，也可以用橡皮刮刀）

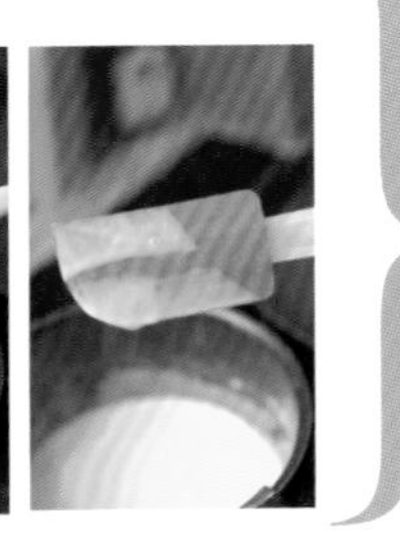

焦糖

材料

- 砂糖　125 克
- 水　25 克
- 奶油　30 克
- 鮮奶油　30 克

做法

1 將砂糖和水放進鐵鍋裡，用中火煮至焦糖化（圖 m, n）

2 焦糖快要煮好的時候，放入奶油和鮮奶油一起攪拌

焦糖煮好放涼後會變硬，因此在焦糖快煮好時放一些奶油和鮮奶油，使它變得比較柔軟可口

m

n

+ + 組合

做法

1 準備一個有深度的盤子，先倒入英式奶醬，再放上煮好的蛋白，最後淋上焦糖就完成囉！

{ 在巴黎談戀愛 }

若說愛情具有魔力，那麼巴黎就是被愛神施了魔法的城市。並不是說只要來到巴黎，被美麗的建築、風景包圍，沉浸在時尚流行或咖啡館的氣氛中，整個人自然就變得夢幻起來，可以不顧一切地墜入愛河。巴黎的美已經有太多人歌頌讚嘆，不必再為她錦上添花，身處其中很難不受她感染。但是對我來說，巴黎不僅僅是眼目的美，在這個城市我所遇到的人事物都深深地影響我，讓我想要變成一個可愛的（值得愛的）人。

常聽人說法國人很浪漫，但那並非不切實際的風花雪月。事實上法國人是非常實際的，法國女人更是顛覆一般的刻板印象，她們有獨立的思想、勇於表達對事物的看法，了解自己的個性和內在真正的需要、懂得表現風格和魅力，並非只是穿著很有型而已。我發現我的個性、行事作風和這樣的法國女性十分相似。多年下來，也許是因為獨立生活的訓練，也許因為甜點創作的激盪，因為太多美麗的事物催促我積極去追求的欲望……，「我」也被形塑得更加清楚明朗，尤其在戀愛時更能明顯發覺自己的轉變。

還記得那位在 Ladurée 實習時親切地教我如何沾水拍泡芙的法國廚師嗎？是的，後來我們結婚了。記得當下我的第一個感覺是很尊敬他，我只是個實習生，而小我 2 歲的他卻已經是 Ladurée 的資深廚師，他的指示我完全言聽計從。在那個部門短短一週的相處中，我覺得這個小男生好可愛，懂很多甜點的知識，而且很有耐心、清楚地說明。他喜歡亞洲人，常和我聊天、問東問西的，之後我雖然調離那個部門，偶爾還是會碰到面，可以感覺到彼此似乎都有好感。在 Ladurée 實習即將結束時，我們曾一起出去看電影、喝咖啡，短暫約會過幾次，但終究還是覺得他太年輕而沒有進一步交往。

一年多之後的某一天，很偶然地我們在巴黎街頭擦肩而過。這次的意外重逢，我發現兩個人都成熟不少。當時我已整理好一段感情，正準備重新出發，即將去 Guy Savoy 餐廳工作。重燃的好感讓我們又開始聯絡。他給人的感覺很舒服、很體貼，是一個很負責任的人。我們來自不同的文化背景，有許多東西可以交流；彼此之間又有不少共通點，都喜歡甜點、品酒，愈相處愈令我動心，於是我決心主動追求他。雖然三星餐廳極度忙碌、壓力超大，我必須將重心專注在工作上，事業與愛情實在很難兼顧，但還是設法擠出時間約會。就這樣交往一年後，我們決定在一起。

愛情是美麗的，在巴黎談戀愛更是一件極美好的事。這美好並不是因為在哪裡約會，或做了什麼特別的安排，經常只是穿梭在聖路易島的小巷道、從杜樂麗花園摩天輪上俯看夜巴黎、坐在公園的長椅上接吻，或者只是手牽著手沿著塞納河並肩散步，甚至看夜晚燈光都覺得浪漫，路過的櫥窗也能成為可愛的話題。更何況我們兩個人都如此忙碌，在家裡好好吃一頓甜蜜的晚餐，陪伴彼此，是我們最想做的事。法國人的浪漫在於溫柔地對待情人，就像巴黎溫柔地對待我一樣。

1	2
3	4
5	6

1 //// 大小蜿蜒的巷弄，在巴黎散步永遠不怕無聊。
2 //// 巴黎白天和夜晚有不同的美，如同愛情有千萬姿態。
3 //// 這樣的櫥窗風景，教人的心情也染上浪漫的玫瑰色。
4,5,6 //// 公園、路邊的咖啡館、塞納河沿岸步道都是最佳約會地點。

滿溢的熱情

fondant au chocolat

岩漿巧克力

這是一道可以立即傳遞幸福感的甜點。
將烤好的岩漿巧克力從 dariole 烤模中取出，
放在盤中趁溫熱一匙舀下，熔岩般的巧克力漿緩緩流出，
彷彿滿滿的熱情從心裡溢了出來……受凍的心也會因此融化喔！
喜歡的話，也可以和香草冰淇淋一起吃，
享受冰火交融的感覺。

難易度：★

fondant au chocolat

岩漿巧克力

材料

- 巧克力　90 克
- 奶油　90 克
- 全蛋　2 個
- 砂糖　25 克
- 麵粉　30 克

事前預備工作

1 先將奶油切成小塊，放在室溫下軟化

做法

1 將切塊的奶油和巧克力一起放入鍋中隔水加熱，融化後即可離火（圖 a）

2 將蛋與砂糖攪拌均勻

3 將 <**1**> 和 <**2**> 混合後，再加入麵粉拌勻（圖 b, c）

4 準備岩漿巧克力使用的“dariole”烤模，用紙巾沾奶油在烤模內側抹上薄薄一層（或噴一層植物油），將 <**3**> 麵糊倒入烤模中約八分滿（圖 d-f）

為使麵糊均勻完整填滿在模型裡，麵糊倒入烤模後先靜置 1 分鐘再放入烤箱

5 烤箱預熱至 200℃，放入烤約 8 分鐘，取出脫模即可擺盤（圖 g, h）

關於 dariole 烤模

烤岩漿巧克力使用的烤模，它有個特別的名字 —— dariole（或 dariole mould），有人譯作「奶油小圈餅」或「杯形布丁模」，在材料店可以找到不同的尺寸和材質。

快樂的頂點

mont-blanc

蒙布朗

蒙布朗 (mont blanc) 就是「白朗峰」，阿爾卑斯山的最高峰，
山頭終年覆蓋白雪，令人嚮往、有如少女一般純潔的象徵，
蒙布朗的造型正是要呈現這樣的景象。
據熱愛登山的朋友說，站在山頂環顧四方，內心有種無可言喻的喜悅。
這也是一道經常在冬天享用的甜點，可能是因為栗子溫醇的口感吧！
而蘭姆酒的香氣使蒙布朗味道更富層次，化解了栗子泥的甜膩。

難易度：★★

mont-blanc

蒙布朗

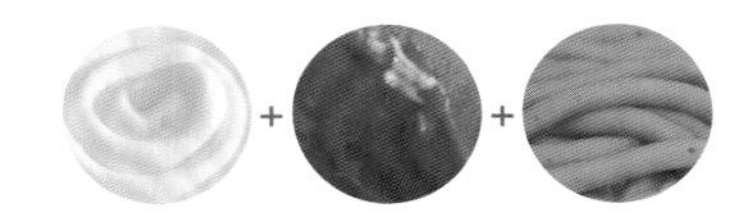

法式蛋白餅

材料

- 蛋白　100 克
- 砂糖　100 克
- 糖粉　100 克

做法

1 打蛋白，砂糖分 3 次加入蛋白中一起打發（圖 a, b）

2 將糖粉一邊慢慢地加入 <1> 打發的蛋白中，一邊攪拌（圖 c）

準備一個扁平的刮板來攪拌，千萬不要使用攪拌機，這樣會破壞蛋白

3 將 <2> 裝入擠袋中，用 6 號花嘴將蛋白糊擠在烤盤上（圖 d）

4 烤箱預熱至 100℃，放入烤約 40 分鐘

栗子慕絲

材料

- 含 30% 糖漿的栗子醬　300 克
- 鮮奶油　300 克

做法

1 將鮮奶油打發

2 將栗子醬加入 <**1**> 中均勻混合（圖 e）

擠花栗子泥

材料

- 100% 純栗子泥　300 克
- 鮮奶油　300 克
- 蘭姆酒　10 克

做法

1 將栗子泥及鮮奶油拌勻直到鬆軟為止（圖 f）

純栗子泥不含糖漿，質地很硬，須要用大量的鮮奶油來軟化

2 倒入蘭姆酒攪拌均勻（圖 g）

也可加入自己喜歡的酒，但要視酒精濃度調整用量

栗子醬與栗子泥

在蒙布朗中使用的栗子材料有兩種。一種是 100% 純栗子泥（圖左），由於沒有添加其他原料，比較硬，不好挖取及攪拌，必須加入鮮奶油一起使用；另一種是用純栗子泥加 30% 糖漿做成的栗子醬（圖右），比較鬆軟好挖取。在這道甜點中兩種都會用到。

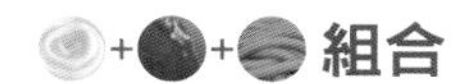

組合

做法

1 在盤子最底層先放法式蛋白餅

2 在 <1> 上放鬆軟的栗子慕絲（圖 h）

3 將擠花栗子泥裝入擠袋中，用 2 號花嘴在 <2> 上擠出絲狀覆蓋上去，最後可灑上糖粉及放顆甜栗子裝飾（圖 i）

{ 握在手中的幸福 }
riz au lait à la vanille
香草米布丁

在大家的印象裡，法式甜點用「米」作為材料的似乎不多，
但其實中世紀歐洲人就已經拿它來做甜點了，
「米布丁」便是其中之一，至今還保留在一般平民餐廳的菜單上。
由於可以吃到一粒粒的米，口感很實在又有點飽足感，
所以也受到不少男士的歡迎。
雖然沒有華麗的外表，但有時把握住樸質的內涵才是最踏實的幸福。

難易度：★

riz au lait à la vanille

香草米布丁

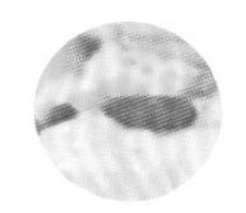

材料

- 圓米　187 克
- 牛奶　1 公升
- 鮮奶油　250 克
- 香草莢　1 支
- 全蛋　1 個
- 蛋黃　2 個
- 砂糖　115 克

做法

1 先將圓米用熱水煮過，但不要煮開，主要目的是過濾米糊。煮過後將水瀝乾（圖 a）

2 香草莢切對半，用刀子將香草籽刮出來。取另一個鍋子，倒進牛奶、鮮奶油、香草莢（含籽），開始加熱（圖 b）

3 當米瀝乾後就可以放進 <**2**> 的鍋子裡一起用中火慢慢煮，約煮半個小時

4 將全蛋、蛋黃和砂糖一起攪拌均勻

5 當 <**3**> 煮到開始變濃稠的時候就可以熄火，加入 <**4**> 拌好的蛋和糖，均勻地攪拌之後放涼即可取出擺盤（圖 c）

L'Atelier Maître Albert 是一間可以輕鬆享受美食的平民餐廳

半開放式的廚房，拉近與客人的距離

{brasserie 的歷練：成為獨當一面的甜點師}

離開 Restaurant Guy Savoy，回到同集團一星餐廳 Le Chiberta，在甜點主廚 Mattheu 手下工作一段時間後，我被調到老闆 Guy Savoy 旗下的平民餐廳 (brasserie)【註】 L'Atelier Maître Albert 負責甜點。這裡完全由我一人獨挑大樑。

第一天上班，主廚就開門見山跟我說：「我知道你是三星餐廳過來的，不過我們這裡不是三星、而是普通餐廳，不可能像三星那樣食材都用最好的，」然後他宣佈每道甜點的成本必須控制在多少歐元之內。這裡確實和星級餐廳截然不同，星級餐廳一晚可能只有 40、50 位客人，這家餐廳有 160 個位子，而且一星期營業 7 天，經常一晚翻桌 2 輪，客數超過 200 位。除了平日要做好大量的單品甜點（如米布丁、巧克力慕絲、烤布蕾這類），週末則要另外準備特別菜單上的設計甜點，同時還得精打細算控制成本。頓時我好像被雷轟到，腦中不斷出現問號：「我該怎麼做呢？」

剛開始我的壓力很大，加上主廚在預算上盯得很緊，兩人的關係經常搞得很緊張。但我的個性就是很不服輸，愈槓上我就愈想挑戰，於是我暗自發誓一定要讓主廚愛上我的甜點！某個週末，我設計了一道甜點——英式奶醬做的香草慕絲，搭配百香果西米露醬汁，上面再以棉花糖和餅乾裝飾——用星級餐廳水準的擺盤，這在一般餐廳是不可能見到的。

主廚看了非常驚豔，「可是……」他勸我：「西米露最好拿掉，這裡的客人不會想要嘗試他們不熟悉的東西。」我沒採納他的意見，還認為這又不是什麼稀有食材，再說我本來就是想讓大家嚐嚐西米露啊！結果當天晚上只賣出一盤……外場紛紛跑來問我什麼是西米露？他們無法向客人解釋，就算說明了也沒人敢點……我太吃驚了！簡直不能置信，甚至質疑自己：「難道是我的技術還是 sence 有問題？」主廚特地走過來陶侃我。

在平民餐廳，同事間較沒有利害關係，因此大家感情都很好，
星期六下班後常相約去喝酒、跳舞，感覺像是兄弟姊妹。

我心裡很不服氣，「好，就聽你一次，我倒要看看你說的正不正確。」沒想到隔天，去掉西米露的香草慕絲居然全數賣光！

有了這次經驗之後，我開始思考如何在預算之內還能發揮創意？同時也發現我的設計必須考慮的因素很多——不太複雜、可以一次大量製作；禁得起保存，冷藏 1-2 天也沒問題；擺盤時要方便、快速；方便之外要有創意；創意之餘又要好拿，不易在上菜時倒塌或散掉。這樣腦力激盪很好玩。而如此調整之後，甜點大受歡迎，主廚便完全信任我，不再干涉了。有時法國料理主廚會和我討論推出的甜點，例如希望我這週能用蘋果作為食材來搭配，或者冬天快到了，該用栗子泥了……，這時我就會開始大動腦筋，發揮想像力。

某一天，向來不吃甜點的餐廳經理主動跑到廚房來找我，問：「今晚的甜點是什麼？出菜前先拿一盤給我試吃。」我被他這罕見的舉動嚇了一跳，同時也倍感榮幸。原來他發現我的甜點受到客人的重視和服務生的稱讚，已經建立起好口碑。嚐過之後他很喜歡，還說從當中可以品嚐到我的用心、平易近人的體貼，可以感受到愛。

在 L'Atelier Maître Albert 平民餐廳工作對我是很難得的經驗。剛開始只是想運用在星級餐廳學到的奢華擺盤來展現我的才能，後來發覺客人要的並不是這個，我應該站在客人的立場，弄清楚客人來的目的以及我在這裡應該發揮的作用，而不是表現我有多厲害。客人吃飽後，想要的只是一道溫馨的甜點，如此簡單；但即使簡單也可以做得很漂亮，這是我能夠給的意外驚喜。從此之後，不論我到任何地方工作，都牢牢記著這一點。

【註】："brasserie" 法文意指「簡樸的餐館」，我稱之為「平民餐廳」，一般法國市民上餐館大都會選這類餐廳。L'Atelier Maître Albert 則是挾著 Guy Savoy 的盛名，餐點又有不錯的品質，對許多人而言物超所值，也有許多觀光客聽到好口碑慕名而來，因此生意一直很好。

真愛的試煉

crème brûlée

法式烤布蕾

這是我經常在 brasserie 做的甜點，
用較低的溫度、花長一點時間慢慢烤，烤出布蕾的軟嫩。
覆蓋在布蕾上的焦糖脆片是美味的關鍵，少了它可就大打折扣了！
而如何使用噴槍將焦糖烤得恰到好處，則是技巧上的小考驗。
世上哪有不勞而獲的呢？通過考驗後往往會發現努力都是值得的。
愛情若少了試煉的苦楚，又怎能突顯幸福的甜美？

難易度：★★

crème brûlée

法式烤布蕾

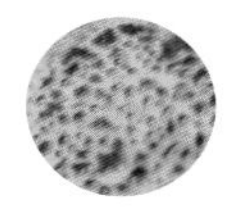

材料

- 牛奶　125 克
- 鮮奶油　125 克
- 蛋黃　3 顆
- 砂糖　50 克
- 紅砂糖　適量

紅砂糖是以甘蔗汁熬製的，保留了天然的甘甜風味

做法

1 先將牛奶和鮮奶油一起拌勻，之後分為兩半，一半放進鐵鍋中加熱， 另一半留在碗裡待用

2 將蛋黃和砂糖一起攪拌

3 將 <1> 鐵鍋中加熱的牛奶鮮奶油倒入 <2> 和蛋黃、砂糖一起攪拌（圖 a）

4 之後再將 <1> 留在碗裡的牛奶鮮奶油倒進 <3> 中，全部攪拌均勻（圖 b）

5 準備好烤布蕾的碗，將 <4> 倒入碗中約 9 分滿

6 烤箱預熱至 90℃，放入烤約 50 分鐘，完成後放涼

7 食用前，先在上面灑上紅砂糖，用噴槍烤砂糖使之焦糖化（圖 c, d）

紅砂糖不要灑過多，只要均勻地覆蓋布丁即可，使用噴槍時請用中等火候，太強的話會烤得過焦，口感太苦就不好吃了。烤的時候也需要一點耐心，剛開始將噴槍拿遠一點，將砂糖都熔化後，再拿近慢慢地把糖烤焦

a

b

c

d

談一場戀愛，是冒一次險，
我們永遠無法百分之一百確定結局是否如人所願。
但人生本來就會遭逢大大小小的險境，面對未知，誰又能有十全的把握？
就連做「翻過來的蘋果塔」也少不了要冒一點風險啊！
若連一步都不敢跨出去，我恐怕永遠也到不了法國，不敢許下愛的承諾……
我們只能期待自己從經驗中學到智慧，一步步走得更穩更好。

追求的勇氣

tarte tatin

翻過來的蘋果塔

關於「翻過來的蘋果塔」的傳說，一個版本說是塔當姊妹 (Tatin) 不小心將烤好的蘋果塔掉在地上，慌忙撿起來裝在盤子裡時又上下顛倒；另一個則是說，塔當姊妹在烤的時候竟然只放內餡、忘了先放派皮，等到發現時才趕緊在上面蓋一塊派皮，烤好之後再翻過來。不過也有人說這些故事是杜撰的，只是想要推廣這道甜點的美食評論家開的小玩笑，卻被大家信以為真傳開了。不論如何，這道甜點已經成為餐廳的傳統經典之一。包覆在派皮下的焦糖蘋果烤得入味，派皮也很香酥。剛烤好溫溫地吃最美味了，再加一球香草冰淇淋也不賴！

雖然被稱作「塔」，但翻過來的蘋果塔卻是不折不扣用千層麵糰的「派皮」做的。烤的方式也是反過來的──將派皮直接覆蓋在蘋果餡上，烤好後再翻扣在盤子裡，還看得出鍋底的形狀，滿特別的。不過翻面倒扣時得小心，別像發明它的塔當姊妹將蘋果塔掉在地上囉！

說起來，蘋果可能是法國家庭最常用來做甜點的水果了。法國人對它似乎情有獨鍾，光是蘋果塔，不同的省份就有各自的特色做法，例如亞爾薩斯蘋果塔一定要加肉桂、勃艮地要先將蘋果塊泡酒，諾曼第則是將烤到一半的蘋果塔取出，倒上打好的鮮奶油、糖等混合物再繼續烤……，另外像是蘋果派、麵包、果醬，還有布列塔尼的特產蘋果酒等等，多到數不清。

還有，各地方產的蘋果都不太一樣，最好依甜點需要呈現的口感來選擇。「翻過來的蘋果塔」必須保留一些蘋果本身的口感，不能軟爛糊掉，因此要選用酸度較高、膠質多、肉質紮實、出水較少的蘋果，與焦糖融合才會有出色的酸甜味。

在這篇中也和大家分享了同樣用千層麵糰做成的「蘋果派包」與「國王餅」，請多多利用喔！

難易度：★★

tarte tatin

翻過來的蘋果塔

其他材料：

- 蘋果　1顆
- 砂糖　適量

事前預備工作

1 製作「千層麵糰」（請見P46「千層薄餅」）

2 將千層麵糰擀成厚度約0.3公分的麵皮

做法

1 將蘋果削皮，去核，切成厚度約 1.5 公分的蘋果片（圖 a）

2 取一個小鐵鍋，在鍋內灑一些砂糖，將蘋果片排放在鐵鍋裡，用小火慢慢地煮，直到砂糖開始焦糖化，並且漸漸地滲入蘋果，兩者融合在一起（這個過程約 15 分鐘）（圖 b, c）

3 將擀好的千層麵皮裁切成大小正好覆蓋小鐵鍋的圓形，用叉子在麵皮上戳一些小洞，直接蓋在 <**2**> 煮好的焦糖蘋果上（圖 d-f）

4 烤箱預熱至 200℃。將 <**3**> 小鐵鍋整個放進烤箱烤約 15 分鐘（圖 g）

5 烤好後取出，稍等一會兒放溫後，拿一個盤子蓋在鐵鍋上，小心地翻面上下倒扣，使派皮在下、蘋果朝上，就是「翻過來的蘋果塔」了！

難易度：★★

chausson aux pomme

蘋果派包

剛來法國在巴黎學法文的時候，
我住的第六區街角有一間好好吃的麵包店，
店裡賣的半圓形、包著酸甜果泥的蘋果麵包是我的最愛！
這種在法國到處可見、百吃不膩的平民美食，
只要用千層麵糰和蘋果泥就可以做出來，
很適合當作早餐或下午茶點心。

其他材料

- 蘋果　2 顆
- 砂糖　200 克
- 新鮮檸檬汁　少許
- 肉桂粉　適量
- 水　20 克
- 蛋黃（打成蛋汁）　1 顆

事前預備工作

1 準備「千層麵糰」（請見 P46「千層麵糰」）

2 製作「蘋果泥」：將蘋果削皮、去核、切小塊，放入鍋中，加入檸檬汁、肉桂粉及水，用小火煮至變成泥塊為止，放涼後以果汁機打成果泥，再將果泥和砂糖一起放入鍋中以小火煮至黏稠，放涼備用

做法

1 將千層麵糰擀成厚度約 0.3 公分的麵皮，切成數個直徑約 12 公分的圓形，再將圓形麵皮擀成橢圓形（圖 a, b）

2 在 <1> 中放入蘋果泥，麵皮裡側邊緣塗些蛋汁，將麵皮對摺包好，按壓邊緣使蘋果派包密合（圖 c）

3 用刷子在表面塗上蛋汁，然後用刀子在上面刻畫圖案（圖 d）

塗蛋汁後可放進冰箱冷藏使蛋汁稍微收乾，會比較容易刻出圖案。圖案通常畫放射狀貝殼紋路、葉脈紋路，或兩個相對的漣漪線條

4 烤箱預熱至 200℃，放入烤約 20 分鐘

a

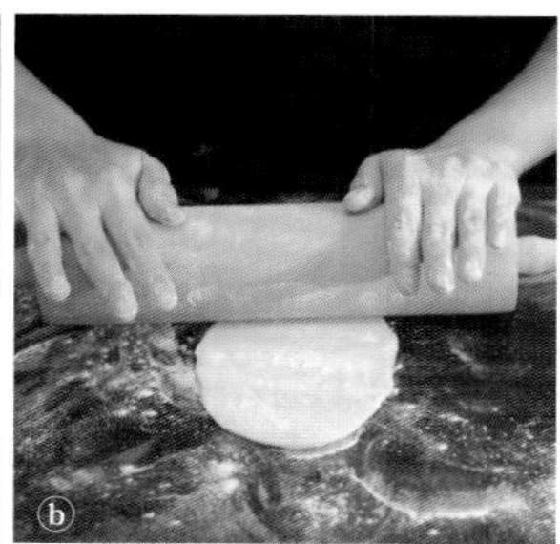
b

c

d

{ 餅裡的國王 }

新年的時候，法國家庭的餐桌上會出現這道甜點——國王餅，是用來慶祝1月6日主顯節的糕點。它也是以千層麵糰製作的非常有名的傳統甜點，在上下兩層膨鬆的派皮中包入香濃的杏仁奶油餡，平常甜點店裡有賣，不過新年期間店家會特地在派中塞入陶瓷小人偶，（一般都是國王造型的）並附上一個紙王冠。吃完飯後，大家像切蛋糕那樣分食國王餅，幸運吃到小玩偶的人就是當天的國王啦！可以風光地戴上那頂王冠和贏得那一年的好運。

在學校的時候，國王餅也是上課的重點之一，我找出當時的筆記，這個食譜很好用，在這裡和大家一起複習一遍。（圖片是老師示範時拍攝的）

難易度：★★

galette des rois

國王餅

 + 

這是 2012 新年 Ladurée 特別推出的國王餅，裡面包的不是國王人偶，而是可愛的馬卡龍、修女泡芙等造型玩具，是限量的喔！

杏仁奶油餡 ＊杏仁奶油餡須前一晚事先做好！

材料

- 奶油 100 克
- 杏仁膏（純度 60%）200 克
- 全蛋 2 顆
- 鮮奶油 10 克
- 蘭姆酒 10 克
- 香草莢 1 支

杏仁膏的成本較高，但做出來的內餡非常綿稠。若買不到杏仁膏，可以「**150** 克杏仁粉＋ **50** 克糖粉」替代。杏仁粉的顆粒較大，不如杏仁膏滑順，兩者做成的杏仁奶油餡在口感上稍有差異。

做法

1 先將奶油和杏仁膏用攪拌機均勻混合

2 再依序將全蛋、鮮奶油、蘭姆酒、香草莢（含籽）一一放進 <1> 中攪拌，放入冰箱靜置一晚

加入一個食材拌勻後，再放入下一個，但注意不要過度攪拌，混合均勻就可以了

烘烤國王餅

事前預備工作

1 準備「千層麵糰」（請見 P46「千層薄餅」）

其他材料：

- 蛋黃（打成蛋汁） 1 顆

做法

1 將千層麵糰擀成直徑約 17 公分的圓形麵皮，共需 2 片（圖 a）

2 在其中一片邊緣塗上蛋汁（圖 b）

3 將杏仁奶油餡料搗鬆，放入擠花袋中，在 <**2**> 的麵皮上從中間向外繞圈的方式，擠成小於麵皮的圓盤形（圖 c）

4 將另一片麵皮覆蓋在 <**3**> 上，用刀子前端將 2 片麵皮邊緣一起向上輕輕推使之接合，形狀有點像波浪狀（圖 d, e）

5 在烤盤上抹奶油，將 <**4**> 小心地放在烤盤上，用刀尖在靠近邊緣的地方規則地輕戳幾個小洞，在麵皮表面塗上蛋汁，並用叉子刻劃出紋路，放入冰箱冷藏約 2 小時（圖 e, f）

6 烤箱預熱至 250℃。取出醒好的麵糰，表面再塗一層蛋汁，放入烤箱烤 6 分鐘，降溫至 210℃再烤 13 分鐘就可以了

家常蘋果塔是婆婆學會的第一道甜點，
事實上，它也幾乎是每個法國女人的處女作。
家裡沒有點心的時候，只要手邊有糖、奶油、麵粉和蘋果，
花個半小時就完成了！
雖然婆婆偶爾也會做其他口味的水果塔，
但代表傳統媽媽味的家常蘋果塔仍然是家人的最愛。

人妻必學甜點

tarte aux pommes maison

家常蘋果塔

「到現在為止，我不知已經做過多少個蘋果塔，數都數不清了！」我的婆婆一邊為我示範媽媽教給她的食譜，一邊和我聊著蘋果塔。從她快樂的神情，我猜她同時也想起和媽媽、和女兒一起在廚房做甜點的回憶吧！現在她又將這個祖傳秘方傳授給我，因為這是法國人妻一定要具備的基本功。其實所謂的「祖傳秘方」並非什麼了不起的獨門配方，有的只是「媽媽的味道」而已，但這卻是在外面用金錢買不到的。

自己在家做的，或許不比外面賣的講究。例如婆婆家沒有磅秤，就用量杯加上目測，沒辦法很精準；家裡沒有糖粉時就用砂糖取代，做出來的麵糰不是很細緻；本來應該要讓麵糰休息 2 小時的，但有時沒空等只好放個十幾分鐘就送進烤箱了……，但這些都無損媽媽的味道，一樣很好吃！

既然是婆婆的食譜，當中少不了她的撇步和喜好。通常她會同時選用兩種不同品種的蘋果——一是自家種的有機紅蘋果，另一種是市場買的青蘋果，這樣可以讓味道更有層次；另外是在做蘋果泥的時候，一般的食譜會加入約 2-3 匙（約 20-30 克）的糖，但因為婆婆不喜歡太甜，所以這裡我們並沒有加；還有如果希望蘋果泥的質地更均勻，可以放入果汁機打成泥，不過由於婆婆喜歡又有果泥、又有蘋果塊的口感，所以直接將果泥煮到軟爛化掉就可以了。而且也不必像在店裡賣的那樣，在表面塗上一層杏桃亮光糖漿以防止水果冰久了變乾、增加賣相，因此更能嚐到蘋果和塔皮創造出來的單純美味。學會這道家傳蘋果塔，我算正式進階為法國人妻囉！

不過話說回來，再怎麼學，我還是不可能做出道地法國人的味道，那是直接從母親及土地、文化而來的傳承。那麼，我的甜點中是否也帶有屬於我的「家的味道」呢？

難易度：★★

tarte aux pommes maison

家常蘋果塔

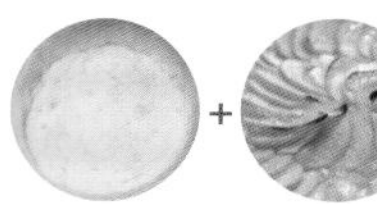

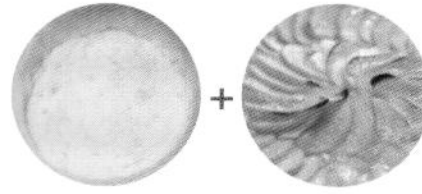

塔皮麵糰

材料

- 砂糖　15 克

  也可用糖粉取代砂糖
  口感會更細緻

- 麵粉　250 克
- 鹽　少許
- 奶油　125 克
- 水　40 克

做法

1 先將奶油放在室溫下軟化

2 將麵粉、糖和一小撮鹽混合，再加入軟化切塊的奶油。用手混合所有材料，直到麵粉呈沙狀（圖 a）

這個動作稱為“sablage”，目的是讓奶油包覆麵粉因子，延遲水分滲透進麵粉裡

3 加入水繼續混合（圖 b）

也可以用 1 顆全蛋取代水，這樣烤出來的塔皮會更脆

4 混合完成後將麵糰在室溫下靜置約 2 小時（圖 c）

讓麵糰休息是為了使奶油慢慢地滲透到其他材料裡，並提高麵糰的混合度

蘋果泥

材料

• 蘋果　2 顆　　　• 水　20 克

做法

1 將 2 顆蘋果削皮、去核、切小塊，放入鍋中，加入水，用小火煮直到變成泥塊為止，煮好後放涼

加水是為了讓蘋果在煮的過程中不會黏鍋，也可多加入 2-3 大匙糖（約 20-30 克）增加甜度和風味；若希望蘋果泥更均勻，可以放入果汁機打成果泥

烤蘋果塔

其他材料

• 蘋果　3 顆　　　• 紅砂糖　少許

做法

1 削蘋果片：將 3 顆蘋果削皮、去核，切成厚度約 0.2 公分的薄片

2 在桌面灑一點麵粉防止麵糰黏桌，將休息好的麵糰用擀麵棍擀成厚度約 0.3 公分的麵皮（圖 d）

3 在烤模上抹一層薄薄的奶油。放上麵皮，用手指按壓內緣使麵皮緊密貼合在模子上，用刀子切除周邊多餘的麵皮（圖 e, f）

4 用刀尖在麵皮上戳個幾個洞（圖 g）

目的是讓塔皮在高溫烘烤時不會膨脹變形，這是在製作所有塔皮時不能漏掉的最後動作

5 在麵皮上鋪抹一層蘋果泥，再一片一片鋪排蘋果片。先從外圍依順時鐘方向開始鋪，接著第 2 圈從逆時針方向直鋪到圓心。再灑上少許紅砂糖（圖 h-k）

灑紅砂糖可以讓烤出來的蘋果塔顏色更漂亮；而喜歡肉桂味道的朋友也可以再灑上少許肉桂粉，風味更佳

6 烤箱預熱至 180℃，放入蘋果塔約烤 20-30 分鐘

{婆婆家的午茶約會}

偶爾，我會搭火車到巴黎近郊的婆家，和婆婆一起做甜點，享受悠閒的午茶時光。我們婆媳的感情很好，雖然年齡和文化背景有所差異，但法國人的親子關係平等，對待成年的子女就像朋友一樣，即使觀念不同也可以互相尊重、理解，因此我們之間沒有隔閡與壓力，可以很自在、很自然地相處。

婆家很大，站在門前的台階上仰頭望像個城堡。這裡確實是婆婆的城堡。城堡裡有一個大院子，正巧讓她愛好園藝的性情得以充分發揮，滿園的花草綠地、果樹和香草帶來生氣，每次來訪我總喜歡聽她介紹植物的近況。家中的布置也是出自婆婆之手，這次我在採光充足的起居室裡發現了一個風格簡潔的鳥籠，兩人對著籠中鳥討論牠的新家。

婆婆在辭掉工作之前是一名護士，生了第2個孩子之後才專心當起全職的家庭主婦。但婆婆

說她其實並不想當全職主婦，整天待在家很無聊，沒有社交生活也容易和社會脫節，因此她除了照顧先生和孩子、打理家務之外，每週都去紅十字會當護士義工，其餘的時間就研究食譜，想著今天要為家人做什麼料理？做菜對許多法國人而言是樂趣而非苦差事，不論是職業婦女還是家庭主婦，都會珍惜可以和家人相處的用餐時間。

我的婆婆就是這樣。公公的工作很忙，通常早上7、8點出門，晚上8、9點才回家，但不論多晚，婆婆一定做好晚餐等公公回來陪他一起吃飯，而且也必定會準備甜點，滿足公公嗜好甜食的胃口。（我發覺法國男士對甜點的熱愛絕不亞於女性！）他們夫妻的感情真的很好，結婚25年依然恩愛，在目前離婚率超高的法國實在少見！我先生就是在這樣健康的家庭長大的，才會養成溫和、穩定又有責任感的個性。

兩個女人的下午茶，天南地北什麼都聊。我慶幸遇到一位好婆婆，更高興結交了一位知心的好友。

這是一道頗受男士歡迎的甜點，我先生在家偶爾也會做。
一圈手指餅乾圍著鮮奶油內餡，加上水果裝飾，像個迷你慕絲蛋糕，
杯狀造型樸拙可愛，口感軟硬兼具又真材實料，是一道頗有小心機的甜點～
難怪它能討好男士的味蕾！
如果家裡沒有夏洛特專用的模子，用杯子代替一樣很好用，
就算因此無法做得很漂亮，但反而有手作的溫馨感喔！

男士的青睞

charlotte

夏洛特

關於「夏洛特」與「手指餅乾」

據說最早的時候，夏洛特是用剩下的麵包、蛋糕、餅乾做成的。當時法令規定糕餅店必須將當天賣剩的糕點全部燒掉，禁止留到隔天再販賣。某個節儉的聰明人想到將這些剩下的材料加上其他東西再製作，讓外型完全不一樣，就成了今日夏洛特的雛形。夏洛特來到法國之後，糕點師將手指餅乾鋪滿烤模、填滿蘋果內餡來烤成蛋糕，又是另一種變形；之後又出現在手指餅乾外圈中填入慕絲內餡的組合，流傳至今。

至於夏洛特的要角——手指餅乾，本身就是一個方便取食的小零嘴，雖然名稱是餅乾，但口感介於餅乾和蛋糕之間，並不那麼乾脆。以前的人牙齒不好，會將手指餅乾浸了酒泡軟再入口；這樣的習慣到至今仍然滿常見的，例如在下午茶時沾茶或咖啡配著吃，提拉米蘇裡的手指餅乾也泡了咖啡和酒。除了杯子狀的夏洛特和提拉米蘇之外，慕絲類的生日蛋糕也常用手指餅乾在外邊圍一圈來將慕絲定型，應該可以看作是大型的夏洛特吧！

難易度：★★

charlotte

夏洛特

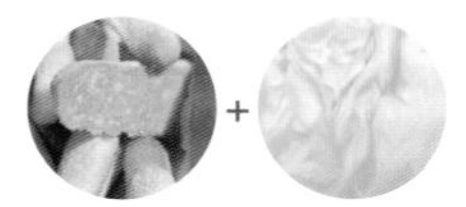

手指餅乾

材料

(A)

- 蛋白　2 顆
- 砂糖　35 克

(B)

- 蛋黃　2 顆
- 砂糖　30 克

(其他)

- 麵粉　60 克
- 發酵粉　1 克
- 糖粉　少許

做法

1 將材料 (A) 蛋白打發，砂糖分 3 次加入一起攪打（圖 a）

2 將材料 (B) 蛋黃和砂糖一起攪拌均勻（圖 b）

3 將 <**2**> 加入 <**1**> 中拌勻（圖 c）

注意：請不要過度用力攪拌以免破壞蛋白

4 先將麵粉及發酵粉混合後加入 <**3**> 中，小心拌勻即可（圖 d, e）

5 將 <**4**> 裝入擠花袋中，用 6 號花嘴（直徑約 0.5 公分）在烤盤上擠出手指般的長條形狀，然後在上面灑上一層糖粉（圖 f, g）

6 烤箱預熱至 220℃，放入烤 8 分鐘（圖 h）

百香果慕絲內餡

材料

- 鮮奶油　200 克
- 百香果泥　200 克

做法

1 將鮮奶油打發，再與百香果泥一起拌勻（圖 i, j）

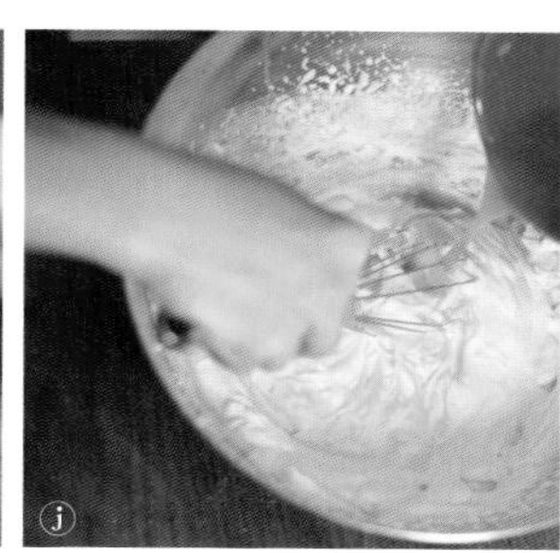

組合

其他材料

- 百香果泥　100 克

做法

1 準備兩個上寬下窄形狀的透明杯子，將手指餅乾用百香果泥沾濕，然後緊貼在杯子壁上圍成一圈（圖 k, l）

2 在 <1> 中間填入百香果慕絲，約 8 分滿（圖 m, n）

3 最上面再用手指餅乾鋪滿，放入冰箱冷藏約 1 小時，取出倒扣在盤子上脫模，再淋上百香果泥就可以了！（圖 o）

又到了我與婆婆的點心時間！
今天她要為我們做原味和橘皮兩種口味的杏仁薄餅，這是婆婆的私房食譜。
杏仁加上餅乾的香味，薄薄的很自然就一片片往嘴裡放，
連我公公和先生都喜歡吃，真的會讓人愈吃愈順口，停不下手呢！
對我而言，為愛而努力、分享所愛的當下，是最美的時刻了！
你呢？何時是你最美好的時光？

最美好的時光

tuiles aux amandes

杏仁薄餅

婆婆說，這個杏仁薄餅做法是從她的媽媽那兒學來的，算是家傳的食譜。與以前學校教的略為不同的是——婆婆說：「蛋白只要打到半發狀態就好，千萬不要完全打發，」口感比較脆。

隨時可以拿著吃的杏仁薄餅，剛烤好時趁熱壓成彎彎的形狀，看起來像屋瓦，所以又叫作「杏仁瓦片」。婆婆的杏仁薄餅材料簡單，做法不會太難，又好吃，所以常出現在婆婆的午茶點心單上，而美味的關鍵就在於使用的杏仁片。

法式甜點中經常使用杏仁，像是國王餅的內餡、馬卡龍的杏仁蛋白餅、法式牛軋糖【註】以及杏仁薄餅等等。除此之外，也常被加在甜麵糰裡增加香氣，具有提味的效果；或是用來裝飾點綴並增加口感（如巴黎 - 布雷斯特泡芙），用途十分多樣。

好的杏仁油脂豐富、香氣馥郁，自古以來就是很受歡迎的食材，通常在材料店裡可以買到整顆杏仁、杏仁粉、杏仁片和杏仁膏這幾種不同的產品。（整顆杏仁和杏仁粉還有分去皮或未去皮兩種）我大都使用西班牙生產的，品質比美國杏仁好上很多。我曾聽說法國有不肖商人在杏仁粉中摻入杏桃核磨的粉以增加重量；在台灣也時有聽說市面上有加了化學香精來增添香味的杏仁粉，購買的時候還是要慎選。保存狀況也會影響杏仁的品質，未使用完的杏仁應該妥善密封、放在乾燥的地方，避免出油、受潮氧化或發霉；當然最好是買了之後盡快用完，以確保品質新鮮。

【註】：法式牛軋糖 (nougat) 和台灣的牛軋糖比起來，口感比較軟，甜度比較高，一般超市和商店都有賣，通常是長條形或切成小塊。

婆婆的幽默

做甜點一定少不了擀麵棍，除了擀平麵皮，做杏仁薄餅時還多了一個用途——利用它的弧度將薄片塑形。婆婆還說，在法國如果老公不聽話，太太們會用擀麵棍打老公！我的公公如此體貼，不知是不是擀麵棍的功勞呢？

難易度：★

tuiles aux amandes

杏仁薄餅

材料

- 砂糖　100 克
- 蛋白　2 顆
- 杏仁片　80 克
- 麵粉　35 克
- 奶油　35 克

做法

1 將蛋白打到半發狀態，再加入砂糖混合（圖 a）

2 先將奶油放入微波爐融化後，加入 <1> 半發蛋白中，再將麵粉、杏仁片加入 <1> 中均勻地攪拌（圖 b-d）

3 準備一個烤盤，上面抹上一層薄奶油，用湯匙一匙匙將麵糊舀在烤盤上，然後用叉子抹平成圓形（圖 e, f）

將麵糊放在烤盤上時，每坨麵糊間須留一些空間，這樣抹平後麵糊才不會黏在一起

4 製作「橘子口味杏仁薄餅」增加的步驟：在麵糊上刮一些橘皮（圖 g）

5 烤箱預熱至 180℃，放入烤 6 分鐘

6 在烘烤的同時請準備好擀麵棍或圓型的杯子，當杏仁薄餅一烤好，必須一片片拿起趁熱壓在擀麵棍上或圓型杯子內定型，所以動作要快喔！（圖 h-j）

{ 信手拈來的居家生活 }

若說大多數的法國人很居家，不知你信不信？

法國社會以中產階級居多，生活在中上水準，不過大部分法國人並沒有想像中富有、天天都光鮮亮麗。而且最主要的，法國人真的很實際。

就以用餐這件事來說，巴黎雖有不少星級餐廳，但服務的對象大都是有錢的外國觀光客，本地人通常是談生意、有必要才去，並不像台灣人那麼常上館子，反而經常在家吃飯。食材容易買、食譜又多，做菜不是問題，甜點不想買也可以homemade，而且在家用餐自在不受拘束，與其花三倍的錢上餐廳，不如將預算用在買好食材、把家裡布置得溫馨舒適。招待親友也常是在家中，這樣的聚會可以隨自己安排，不受制於餐廳關門時間。偶爾外出用餐，也是選擇料理、服務等各方面還不錯的普通餐館，畢竟重要的不是排場，好吃、能帶來愉悅的心情才是重點。我先生的家庭就是典型的例子。

由於待在家的時間多，所以會花些心思做居家布置，但並非要裝潢得富麗堂皇，庭院剪下來插的花反而是最好的裝飾。工作之外培養幾個興趣，像我的婆婆熱愛園藝，平常沒事喜歡研究廚藝。很多先生也都會幫忙打掃、粉刷油漆、陪伴小孩。其實生活就是生活，不外就是食衣住行、工作和玩樂，要用心過但卻不必過於用力，太刻意反而累人，把生活的情趣藏在信手拈來的點滴當中，這也是我在法國體會到的。

1 2 3 4 5 6

1 //// 家裡內外都有好風景，若不懂好好欣賞就太可惜了。
2 //// 法國人喜歡聊天，常在朋友家聚會。
3 //// 新鮮的沙拉和麵包配上獨門的醬汁，再開一瓶好酒，在家也可以很享受。
4 //// 家裡有多舒服？貓咪最清楚了！
5 //// 我的居家型婆婆。和愛貓玩耍也是婆婆的興趣之一。
6 //// 直接向餐廳供貨的廠商買了 3 顆松露回家，把它和雞蛋放在一起，蛋也會有松露的香氣喔！這就是我們的週末大餐。

柑橘香料麵包

偶爾有親朋好友到家裡來，其實不一定要大費周章，
用現成的食材也能做出好吃又美麗的擺盤甜點，賓主盡歡。
柑橘的季節，我買了些橘子和香料麵包，
加上覆盆子冰淇淋和覆盆子果泥來搭配，
幾下工夫就能端上桌了。

材料

- 柑橘　3-4 顆
- 香料麵包（含 60% 蜂蜜）　1 條
- 鮮奶油　200 克
- 糖粉　20 克

做法

1 剝柑橘，將每個橘瓣切成大小平均的 3 等份，再把橘瓣的薄膜去掉，露出柑橘果肉（圖 a）

2 把香料麵包切成 3×3 公分的正方形薄片（圖 b, c）

3 將鮮奶油和糖粉一起打發

4 拿一片香料麵包，擺上 4 小片 <1> 的柑橘丁，再擠入 <3> 的鮮奶油填空隙，蓋上另一片香料麵包；用同樣的做法共做 4 層（圖 d）

a

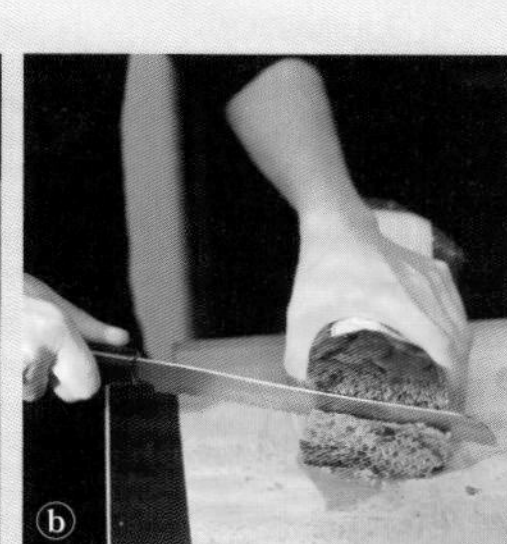

b

c

d

法國有許多流傳久遠、極具特色的地方小點心，
例如亞爾薩斯的復活節羊蛋糕、南方的巴斯克蛋糕、布列塔尼餅乾，
以及波爾多的可麗露……等，
這些甜點看似簡單，要做得成功卻不容易。
透過甜點了解一個地方的風土和典故，
不僅豐富了味覺，也為甜點創作帶來新的靈感。

甜點的旅行

cannelé bordelais

可麗露

我必須承認我有個缺點，當我發現工作落入窠臼、不再有挑戰性或失去伸展空間，便萌生找尋出路和新刺激的念頭，這時我會離開，試著到其他地方碰撞看看。我姑且稱自己在做甜點的旅行。

我曾在某個博物館餐廳遇見一位頗有年紀的老甜點師，那餐廳雖然極為普通，但廚師的實力和工夫卻很紮實，作風也不那麼奢華，反而有著鄉村般的樸實。老甜點師旅行過許多地方，曾經在法國南部和西部的餐廳工作，自然也學會當地的甜點。他將食譜研究後、依據經驗改良和調整，成為他寶貴的資產，這個可麗露和鹹奶油風布列塔尼餅乾食譜就是他大方分享給我的。他還開玩笑說：「這些可是屁股挨打了很多次才拿到的！」可見當時的辛苦。

好吃的可麗露外皮焦脆、內在溼軟有彈性，嚐起來有濃濃的蛋奶和蘭姆酒香。製作的重點，一是要將可麗露奶醬放進冰箱冷藏一晚，以便讓所有材料充分混合；再來就是控制溫度，共分 3 次以 3 種溫度去烤，烘焙過程中也要經常查看烤的狀況，直至外表有些焦糖化。

據說可麗露的發明和波爾多的製酒產業有關，也有說是當地修道院的修女無心插柳烤出來的，在波爾多的大城小鎮，到處都買得到這個代表當地的特色點心。天才甜點師 Pierre Hermé【註】在 Fauchon 擔任甜點主廚時將可麗露帶到巴黎，大家又重新認識這個其貌不揚但口感獨特的小東西；後來更因為 Pierre Hermé 在日本大受歡迎，連帶地使得可麗露也開始在亞洲風行起來。看來可麗露也做了一趟很遠的旅行呢！

【註】：Pierre Hermé 被喻為「甜點界的畢卡索」，不論技術或創意都令人讚嘆，曾在 Ladurée、Fauchon 等知名甜點店擔任主廚，並將馬卡龍、可麗露等法國傳統甜點再帶上高峰，至今仍是引領法式甜點潮流的風雲人物。

難易度：★★★

cannelé bordelais

可麗露

材料

(A)
- 牛奶　150克
- 砂糖　25克
- 奶油　20克
- 香草莢　1支

(B)
- 牛奶　250克
- 砂糖　175克
- 麵粉　100克
- 蘭姆酒　50克

（其他）
- 全蛋　1顆
- 蛋黃　2顆

難易度：★★

mousse de noix de coco et sa gelee passion

百香果椰奶慕絲

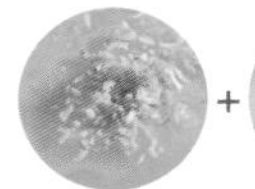 + 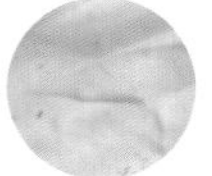

百香果凍

材料

- 百香果泥　150克
- 砂糖　50克
- 吉利丁　1片

事前預備工作

1 吉利丁先泡冰水軟化，使用前取出擰乾

做法

1 將百香果泥和砂糖一起放進小鐵鍋煮沸

2 加入吉利丁繼續煮，煮好後放涼備用

椰奶慕絲

＊先製作椰奶英式奶醬放涼，再加入打發的鮮奶油做成慕絲

材料

(A) 椰奶英式奶醬

- 椰奶　400 克
- 鮮奶油　150 克
- 蛋黃　4 顆
- 砂糖　60 克
- 吉利丁　4 片

（其他）

- 椰絲　適量
- 鮮奶油　300 克

事前預備工作

1 將椰絲放進平底鍋乾炒，直到變色為止（圖 a）

2 吉利丁先泡冰水軟化，使用前取出擰乾

做法

1 製作「椰奶英式奶醬」：

(1) 將材料 (A) 的椰奶和鮮奶油放進鍋裡煮沸（圖 b）

(2) 將蛋黃和砂糖一起攪拌（圖 c）

(3) 在 (1) 尚未沸騰前，倒一半進 (2) 中拌勻，然後再倒回 (1) 的鐵鍋中和剩下的椰奶鮮奶油一起煮，邊煮邊攪動（圖 d, e）

(4) 將吉利丁加入 (3) 中混合均勻後放涼備用（圖 f）

2 將鮮奶油打發後，慢慢加入 <1> 椰奶英式奶醬中，再放入椰絲一起拌勻就可以了（圖 g, h）

若想要讓椰香的味道濃一點，可以多加一點椰絲，吃起來的口感會很立體喔！

組合

做法

1 準備數個透明玻璃杯，在杯子底層先放 1 匙百香果凍，第 2 層再放入椰奶慕絲，最上面再淋上一層薄薄的百香果凍，最後可再放一些乾椰絲裝飾，同時增加香味和口感（圖 k）

在椰奶慕絲中間可以夾一層碎餅乾（也就是：百香果凍→椰奶慕絲→碎餅乾→椰奶慕絲→百香果凍），讓口感變化更豐富！

{ 在更親近人的地方 }

當我即將離開工作的三星餐廳，主廚讓我和同事以極少的花費在餐廳內享受高級的一餐。雖然我在星級餐廳工作，但從未以客人的身份到過這類餐廳，事實上，這是我生平第一次在米其林三星餐廳用餐。當然，那是一次相當難得的經驗，每道菜都是藝術，每樣食材都新鮮美味，餐具、氣氛、服務也沒話說，但我卻因為不能自在放鬆，而無法真正享受盤中高貴的餐點。

感到不自在的原因，除了不習慣當三星餐廳的客人而有些緊張外，最主要是因為我在那裡工作。當我品嚐一道菜時，我很清楚（且很自然就意識到）這時幕後有十幾個人正在幫你準備下一道菜，服務生也在抓時間——吃完這道，休息幾分鐘之後再上下一道——一切都在計算當中。我腦中同時在播放那個過程：有人在擺盤、有人在打掃，若此刻我在廚房，我應該正在做什麼……如果我是在別家三星餐廳，或許可以完全把自己當作客人，能夠自在些吧！但也因為這強烈的隔閡感，讓我更加確定自己並不屬於這個光彩炫目的世界——至少當時的我是這樣。

以我現在的年齡和經驗，還沒有學會如何品嚐星級餐廳，去了反而是浪費；中上程度以上的餐廳——使用好的食材、精緻又不至過於精緻，各方面該具備的不會少，服務也很 OK ——才是令我感到舒服的。我認為餐廳並不是以星級來分好壞，這沒有定論，端看各人的需求而定，畢竟絕大多數的人不可能天天上高級餐廳，平價的享受有它存在的價值。對我而言，三星餐廳盛大的排場、登峰造極的追求，見識過就足夠了，而現在的我想趁著年輕，聽從自己的心意去發展。但我心底真正想做的是什麼呢？自從學習廚藝以來，我一直把「成為厲害的甜點師」當作目標，努力鑽研廚藝，可是對於未來卻很模糊。

後來一位朋友想開餐廳，找我掌理所有餐點——包括鹹及甜點。由於鹹點走亞洲風，為此我特地回台灣學台灣菜。這次我有機會近距離觀察一間店的籌備和經營，我發現，其實開店很辛苦，但又很有成就感，可以直接與顧客接觸，收到的回饋也是很直接的，我喜歡這種感覺。朋友給我很大的空間，讓我可以發揮實力來創作甜點。有些舌頭比較敏銳的客人跑來跟我說：「嗨，你的甜點比鹹點厲害喔！」我就會開心地回答：「對啊，因為我是甜點師嘛！」對廚師而言最大的喜悅，是把食物做出來與客人分享，客人也分享他的想法。他們很清楚在一般餐廳不可能以這樣的價格吃到如此水準的甜點，下午茶時段因而做出不錯的成績。我的用心得到了回饋，不自覺地會特別注意大家吃甜點的表情，看見每個人都很開心，就會為我帶來一整天好心情。

這時我明白了，「我也想擁有一間屬於自己的店，」在親近人的地方。

3
1 4
5
2 6

1,2,3,4,5 //// 在朋友的餐廳設計的甜點，從設計口味、製作手法到擺盤都很用心。
6 //// 我愛甜點！不管在什麼地方做甜點，都是一件幸福的事。

37 2 M
37 2 M

{打開夢想的大門}

tarte chocolat

完全巧克力塔

常有人以巧克力比喻愛情，苦甜交織，與戀愛有著相同的滋味。
但人生的滋味何嘗不是如此？
不論愛情或人生，我想，就像擺盤甜點一樣
端看你如何調配這苦與甜，加入什麼佐料使它更加精彩美妙。
巴黎敲開了我的心門，讓我用甜點與他戀愛，
在我的人生舞台，這美麗的愛情故事還會繼續上演……

難易度：★★

tarte chocolat

完全巧克力塔

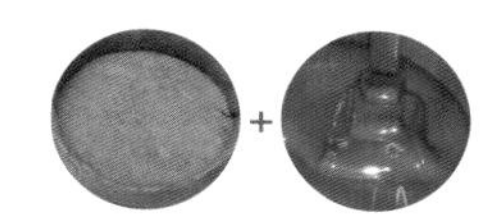

巧克力塔皮

材料

- 鹽　1 克
- 奶油 50 克
- 發酵粉　2 克
- 麵粉　100 克
- 巧克力粉　5 克
- 杏仁粉　20 克
- 全蛋　1 顆

事前預備工作

1 先將奶油切成小塊，放在室溫下軟化

做法

1 先將鹽、發酵粉混合，再和麵粉、巧克力粉、杏仁粉拌勻，再加入奶油，全部攪拌在一起（圖 a）

2 最後再加入全蛋，揉捏成塔皮麵糰，用保鮮膜包起來放進冰箱靜置約 2 個小時（圖 b-d）

若麵糰太濕，請灑上一些麵粉使麵糰達到不黏手的程度；若麵糰太乾，則加少許水均勻混合

3 在環狀塔模內側均勻抹上一層薄薄的奶油（請參考 P29「檸檬塔」做法 <**5**>）

4 取出 <**2**> 醒好的麵糰，擀平成約厚 0.2-0.3 公分的麵皮（圖 e）

5 將擀好的麵皮鋪在塔模上，從內緣將麵皮輕輕往下壓，並以慢慢旋轉塔模的方式，用大拇指輕按使麵皮黏在塔模內緣（圖 f）

6 用小刀劃掉塔模周圍多餘的餅皮，接著用刀尖在塔皮底部輕戳幾個小洞（圖 g）

7 將 <**6**> 做好的麵皮放進冰箱 10 分鐘

8 烤箱預熱至 170℃。將塔皮從冰箱取出，放進烤箱中烤 5-6 分鐘（圖 h）

甘那許巧克力醬內餡

材料

- 牛奶　125 克
- 鮮奶油　125 克
- 蛋黃　25 克
- 砂糖　25 克
- 巧克力　125 克

做法

1 將牛奶和鮮奶油放入鐵鍋中煮沸（圖 i）

2 將蛋黃和砂糖一起攪拌（圖 j）

3 在 <**1**> 尚未沸騰前，倒一半進 <**2**> 中拌勻，然後再倒回 <**1**> 的鐵鍋中和剩下的牛奶鮮奶油一起煮，邊煮邊攪動（圖 k）

4 巧克力放入盆中，將 <**3**> 倒入巧克力中攪拌，至巧克力融化、充分混合為止（圖 l）

完成後的甘那許巧克力醬是濃稠的液狀，而冷卻後會變成固體，因此使用前可以放進微波爐中稍微加熱一下，但切記不要加熱過度以免巧克力煮熟了！

●+● 組合

其他材料

- 香蕉　1根

做法

1 將香蕉切薄片，排在烤好的巧克力塔皮內（圖 m）

2 將甘那許巧克力醬填入 <**1**> 的塔皮中，用刮刀刮平，放進冰箱冷藏至涼。上桌前可以在上面擠一點打發的鮮奶油，最後再灑上巧克力粉（圖 n, o）

{一切正要起步……}

這一路上我都在幫別人做甜點，雖然是喜歡的工作，雖然大家喜歡我的甜點，也知道是我做的，但畢竟不是自己的店，有時難免有些感傷。我可能不是特別有才華，比我優秀的甜點師太多了（在法國的台灣甜點師也不少），只是我的際遇比較特別，還有我真的很喜歡甜點，不是將它當作賺錢工具。每當和上司或老闆討論我的構想時，總會爆出許多火花，他們的反應通常是：「嗯，聽起來不錯，那就來做做看吧！」對客人解釋甜點時，每個人聽了都很感興趣，常會說：「那就點來吃吃看吧！」他們可以感受到我的熱情，放心讓我去做，令我非常地感動。

我開始想：若是要達到創立品牌的夢想，必須為自己保留一些時間來準備創業。我找到一家新開的、很乾淨、餐點很好吃的小店，是一對法國兄妹經營的，專賣親手現做的三明治及沙拉。我的上班時間是早上 7-12 點，正符合我的需要。他們知道我是三星餐廳出身的甜點師，於是請我也製作甜點，我當然願意！很快地我提出幾個構想，是順應這間的狀況、符合期待和成本的設計，老闆們完全沒意見，於是店裡的甜點從原本的3樣增加為9樣，每款都很暢銷，他們開心、我也很高興，皆大歡喜！

後來我告訴老闆們想要創業的想法，由於還沒有足夠的資金，所以想先從接受餐廳訂單、私人客製外賣開始做起。沒想到他們聽了不但沒反對，不擔心我是不是會因此影響店裡的工作，還教我如何成立公司、計算成本，同意在非營業時間、廚房沒有使用的時候讓我租用。就這樣，我終於擁有屬於我個人的工作室，雖然規模還很小，但能為自己做事覺得很開心。工作室成立幾天後，以前甜點學校一個交情不錯的同學突然來找我，說他將在瑪黑區開餐廳，因為忙不過來，甜點部分想請我幫忙。這真是天下掉下來的完美時機與合作方式！初步的合作有了令人滿意的成果之後，接著他們想進一步推出下午茶時段的點心，詢問我的意見並請我繼續設計。

工作與事業能夠並進，對我目前而言是最佳狀態了！但我還是希望有天能真正開一間店，這是我的夢想，同時也藉此激勵自己千萬不能停滯不前。現在我已經可以慢慢描繪出夢想中店的感覺——有法國鄉村的味道，環境溫馨，咖啡用大大厚厚的咖啡碗裝著；甜點樸實又具有精緻度，平易近人但又有特別之處。我自信可以做出「林漪的甜點」，是在別的地方吃不到的、出乎意料的驚喜口味。

用甜點做的夢很甜蜜。但我知道實現夢想的過程也像做甜點一樣，要靈巧、勤奮、要按步就班，可能還會經過許多考驗，但結果終究是甘美的，我願為它跨出雀躍的腳步。親愛的朋友們，請為我加油吧！

1 2 | 3 4 5 6
7 8 9 10

1 //// 我的老闆——一對勤奮的法國兄妹，教了我許多東西。
2,3 //// 一大早我們一起準備餐點，接著附近的上班族就會陸續進來用餐或外帶。
4,5,6 //// 我的甜點擺出來了！我每天會做幾樣蛋糕和杯子甜點，客人的反應很好，幾乎天天賣光。
7,8,9,10 //// “Yi Lin – Pârtisserie sur Commande” 林漪訂製甜點——我在巴黎創業的起步。這幾道是初步設計的作品：抹茶奶酪、芋泥慕絲以及百香果椰奶慕絲。

如果我擁有一間餐廳……

巴黎當紅小酒館 L'Epi Dupin

巴黎第 6 區 Le Bon Marché 附近有一家 Restaurant L'Epi Dupin，是我喜愛的小餐館。它有高級餐廳的精緻，卻像小酒館那樣平易近人。如果我能擁有一間屬於自己的店，我希望它像 L'Epi Dupin 一樣。

L'Epi Dupin 是巴黎目前非常熱門的餐廳【註 1】，甚至紅到了日本，店裡經常有日本觀光客。透過朋友的安排，我在某個下午前去拜訪老闆兼主廚 François Pasteau 以及甜點主廚 Leveque Erwan，近距離與我未來的夢想對話，謝謝他們給我了更具體的啟發！

我（以下簡稱 "**L**"）François 你是如何成為一名廚師的？

François（以下簡稱 "**F**"）　我從小就對廚藝很感興趣，16 歲那年我想去當學徒，但我的父母並不贊成，於是幫我挑了一間很有名、很辛苦的餐廳，想讓我知難而退，沒想到我卻愛上了！之後我進入斐杭狄法國高等廚藝學校 (Ecole Ferrandi)，又去知名的餐廳當學徒，都是跟很有名氣的法國廚師（如 Alain Ducasse、Joël Robuchon）學習，也在星級餐廳及小酒館工作過。

L　星級餐廳和小酒館差別在哪裡？

F　服務，服務生差別很大，廚房也非常嚴謹。我當初想開這間店，就是希望把星級餐廳的服務品質帶到小酒館。星級很貴且太嚴謹、感覺很拘束，但小酒館又太隨意，我希望我的餐廳介於這兩者之間，提供客人以相對少的錢就可以享用很棒的一餐，有星級餐廳料理品質和嚴謹服務，卻可以吃得很輕鬆，是我想要營造的氣氛。

【註 1】：L'Epi Dupin 曾經獲選為全法國最好的小酒館。在 1995 年 L'Epi Dupin 出現之前，巴黎並沒有太多這類的小酒館，L'Epi Dupin 可說帶起了這股風潮。

【註 2】：「星星」指獲得米其林餐廳評鑑的星級。

L'Epi Dupin 內外都散發著小酒館的輕鬆氣氛，但料理和服務絕不馬虎喔！

L 你會想要拿星星【註2】嗎？

F 沒想過。因為拿到星星之後，客人反而受到限制，一個晚上只能服務 40 位客人；但我這裡有 43 個位子，一晚可以做 2 輪，可是服務一樣可以做得很好。其實客人想要的是什麼？是快速、不要太貴、環境又好，只要符合這些期待，客人都會喜歡。

L 聽說你都是親自去市場挑選食材？

F 我每週有兩天凌晨 3 點會去批發市場，所有的食材都是我精挑細選、最新鮮的。另外，快絕種的生物，這類魚、海鮮我不會買，我認為對廚師來說，保護大自然很重要，如果現在都吃光了那下一代怎麼辦？所以不管魚類或肉類我都選當地食材。只是有些東西愈來愈貴，我當然希望選好的食材，偏偏好東西往往成本很高又稀少，因此有時候還是必須抉擇，總之挑選食材真的很不容易。

L 這樣一來你是不是沒有個人的時間了？我知道 L'Epi Dupin 營業到很晚。

F 所以我們餐廳星期六、日及星期一中午是不營業的。我有家庭、有小孩，雖然工作很重要，但家庭生活也很重要。現在很多法國年輕人不再走廚藝這行，這很正常啊，因為太辛苦了！每週工作 80、100 個小時，累得要命又沒法好好休假，其實根本不需要這樣。我希望跟我共事的人可以在品質很好的地方工作，該休息就休息，該工作就好好認真工作，這是我想要的方式。

除了主廚必須不斷地進步之外，我也希望每個員工都能進步，而非始終在原地踏步。能進步表示這份工作有發展性，這是最重要的，不然好的員工也待不久。若人員穩定性不高，對一間餐廳來說是非常耗損的，因為換一個員工就得要重新訓練、栽培。L'Epi Dupin 的人員流動率很低，這點我覺得還滿驕傲的。

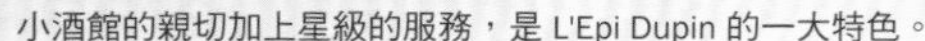

小酒館的親切加上星級的服務，是 L'Epi Dupin 的一大特色。

牆上和桌上手寫的菜單，透露著親切感。

L　請談談 L'Epi Dupin 的甜點吧！

F　我很高興找到 Erwan 來當我們的甜點主廚。我自己是以鹹點為主，甜點做得不多，而 Erwan 則是鹹、甜點都很強，因此我很信任他，放手讓他去做。L'Epi Dupin 是屬於創新的傳統料理，把傳統料理做得更精緻化，我希望甜點也是這樣，要能夠一致。

（François 反問我：你覺得在廚房工作，最難的是什麼？）

L　應該是保持一定的品質，每天都必須一樣。

F　沒錯，這是最難的。客人不管 7 點到還是 12 點到，第一批和最後一批客人，吃到的食物品質應該是一樣的，料理的穩定性要高，這也是最難去管理的。做餐飲這行是一項藝術，但同時也是手工業，因為必須用手去做，人的因素影響很大。雖然是困難的工作，但最令人開心的也是即刻就能得到回饋，好不好吃客人馬上會反應。這是一項挑戰，我很喜歡，所以必須每天都要進步。開餐廳也要非常有創意，隨時去改變，適應每一個環境，試著當下解決每個困難，這也是當廚師非常重要的特質。

談話的最後，François 提到上次他很喜歡我帶給他的杯子甜點，也許接下來可以考慮在 L'Epi Dupin 以外賣的方式合作。看來對法國料理樂此不疲的 François 已經開始在想下一步了！

一位甜點師的美味觀點

與主廚 Leveque Erwan 的對話

L'Epi Dupin 的甜點主廚 Leveque Erwan 是布列塔尼人，今年 34 歲，也是從年少時就喜歡做菜，當學徒時經歷很嚴苛的訓練而練就一身好廚藝。後來他因為表現優異受到主廚賞識，送他去專業學校再進修甜點，因此在鹹點和甜點兩方面都非常專精。在 L'Epi Dupin 工作這六年來，他和主廚 François 一起設計主菜和甜點，所有食材在他手中可鹹可甜，做出最靈活的搭配，這可說是他的強項。雖然已經有將近 20 年的廚房經驗，但他還是一樣謙虛親切，願意和我分享他的想法和經驗。他還是一樣謙虛親切，願意和我分享他的想法和經驗。

L　你認為法式甜點得以聞名全世界的原因是什麼？

Erwan（以下簡稱 **"E"**）　法式甜點很細緻、味道非常多樣化，光是麵糰種類就非常多，擺盤甜點更是有無窮的變化。對我而言，擺盤甜點是「煮出來的甜點」，和鹹點一樣是用烹調的方式做出來的，這就和商店賣的相差很多。舉例來說，如果我要用鳳梨做一道甜點，會把鳳梨浸泡在糖汁裡再慢慢去熬煮，這跟做鹹點很相似，我還喜歡在甜點中加很多香料。

L　你是否會參考當代有名甜點師的做法？比如得到 2005 世界甜點比賽冠軍、Hôtel Plaza-Athénée 飯店的甜點師 Christophe Michalak ？

E　我並不會去追逐流行，看現在誰最紅就去模仿他。Michalak 的甜點很華麗花俏，顏色很美，外國人會很喜歡這些包裝；我追求的反而是比較簡單、傳統，但卻很有味道的甜點，只是把它們做得更精緻。L'Epi Dupin 所做的都是很傳統的法式甜點，正好符合我個人的喜好。

我非常尊崇的甜點師 Erwan。由於工作性質相同，因此我們有不少話題可以聊。

我認為 Pierre Hermé 的馬卡龍真的很棒，味道很創新，不過我還是比較偏愛 ladurée，它的食材很實在。其實這些都是因人而異的，完全看你喜歡傳統典雅、還是創新的路線。我個人認為食材是最基本、最重要的，之後再看如何做變化。

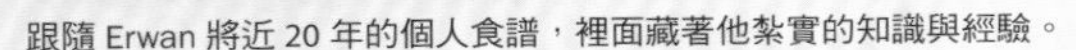

跟隨 Erwan 將近 20 年的個人食譜，裡面藏著他紮實的知識與經驗。

難得的機會──在 Erwan 的廚房大啖美味！

L 台灣人非常喜歡馬卡龍，你認為要怎樣品嚐這個甜點？

E 馬卡龍的口感應該是很綿密，表面要非常光滑。我做馬卡龍是採用法式蛋白，而非義式蛋白【註】。義式的做法可以保存比較久，而法式餅皮比較脆弱，但相對地，保存時間愈短也就表示品嚐時還很新鮮。因為是在餐廳供應，不必像甜點店做好一批冰在冷凍庫，販賣時再拿出來退冰，所以我採法式的做法，因為符合這間餐廳時時都要很新鮮的需求。
做甜點最重要的，第一是食材來源，第二是技術。做馬卡龍並沒有想像中那麼難，但是必須注意很多細節、環節，只要技術夠精確都可以把馬卡龍做好。其實做每道甜點都是這樣，必須要很精確，只要一個地方錯了就得重做；甜點也是在跟溫度玩遊戲，每個環節溫度都很重要。

L 是的，基本功很重要，學技術的難處也就在這些細節上。

E 市面上有許多食譜書，（即使在法國）我發現其中有些都很亂來，以我會做的人一眼可以看出：「咦？這比例根本就不對！」我還曾經看過一本書，英式奶醬的材料裡竟然有麵粉，這是不對的！可是不知道的人看了就會照做。

（Erwan 拿出一本活頁筆記本，有點不好意思地說）這本食譜跟著我 15 年了，本子很爛、很醜，沾到很多麵粉……

L （我覺得超讚的，）這才是最珍貴的啊！

E 做甜點，身上一定要準備一本食譜書，因為隨時要做變化。（Erwan 指的是像這樣的個人筆記）這本食譜在我當學徒時就有了，裡面有基本的做法，包括怎麼做麵糰等等，都是長年累月下來試過很多食譜、最後綜合起來的，所以很可靠，需要的時候隨時拿出來看，像是「浸泡蘭姆酒的軟木塞」也在裡面。基本功加上一本好的食譜，之後再依經驗加以變化。

L 我覺得你在食材的搭配變化上非常厲害。

E 每天做，久而久之很自然就會知道食材和食材之間的關係，哪些是配合得很好的。譬如：水蜜桃，馬上會想到它和馬鞭草很合，杏桃配百里香會很搭，西洋梨可以加荳蔻，香蕉則是和百香果很相配……直覺就會根據經驗反應出這些模式來。這也是為何擺盤甜點會很有層次的原因，依據不同的食材和搭配可以玩出很多花樣，真的是藝術！

L 在 L'Epi Dupin 工作多年有什麼心得？

E 老闆 François 給我很大的空間，只要用當地食材、成本不要太高，要做什麼都行！這也是我會待在這裡 6 年的原因，因為他很信任我。這點對甜點師來說很重要，如果限制太多就很難去超越，我最怕的也是一成不變。

L 其實好的甜點師並不好找，很多小酒館不會聘請專門的甜點師，大都是廚師會做一點甜點就兼著做，所以和鹹點落差滿大的。

E 的確是這樣。像我本來是廚師，之後才去上課學甜點，所以兩方面都可以做得好，這樣的廚師算是難得的，不過我也是花很多時間去學才能將兩種都做得好。

L 我則是先學甜點再學鹹點，這個過程對我的幫助也很大。

E 其實先學鹹的也很好，學會之後可以把鹹點的技術應用在甜點上，也是一種互補。我覺得這兩者有相通之處，不管哪個先學都好。

品嚐過 Erwan 的甜點，再與他聊過之後，覺得受益良多。我在法國做廚藝最大的感想是——法國不是只有星級餐廳或有名的廚師才厲害，像 François 和 Erwan 這樣默默無名但技藝專精的廚師非常多。在法國，廚師是一個值得尊敬的行業，因為有他們這樣默默地為自己國家的食物付出，全心全意投入——去喜愛、體驗，再創造出更美味的食物，難怪法國料理（包括甜點）會受到全世界推崇，歷久不衰。

【註】：義式蛋白要將糖煮到 127℃；法式只須將糖粉直接加入混合即可。

baba au rhum

浸泡蘭姆酒的軟木塞

這道「浸泡蘭姆酒的軟木塞」是L'Epi Dupin的招牌甜點，看似簡單，做起來其實不容易。麵糰要先發酵、膨脹後再去烤；烤好的麵包可以用保鮮膜包好冰起來，食用時再拿出來繼續後面的動作。浸泡蘭姆酒也是一大重點，酒味非常濃，很受喜歡酒的客人歡迎，吃完就醉了呢！

蘭姆酒糖水

材料

- 水　1公升
- 砂糖　450克
- 橘子、檸檬　各1顆
- 蘭姆酒　250克

做法

1 將砂糖和水一起煮沸後靜置放涼

2 將橘子和檸檬榨汁，放入<**1**>的糖水裡，再倒入蘭姆酒一起攪拌

baba 麵包

材料

(A)
- 麵粉　250 克
- 砂糖　10 克
- 鹽　5 克

(B)
- 天然酵母塊　15 克
- 牛奶　50 克

(其他)
- 全蛋　150 克 (約 3 顆)
- 奶油軟膏　80 克

做法

1 將材料 (A) 放入攪拌機中

2 將材料 (B) 先混合均勻，倒進 <1> 的攪拌機中一起拌勻之後，再加入全蛋，最後再放入奶油軟膏。攪拌均勻成麵糰後，放入鐵鍋中，上面覆蓋一塊略乾的溼布，在室溫中靜置約 1 小時使麵糰發酵膨脹

3 將醒好的麵糰自鍋中取出，用手再揉至表面光滑

4 取 dariole 烤模，在裡面均勻噴灑植物油。切一塊和烤模相當大小的麵糰，塑型後放入烤模

"dariole" 是製作「岩漿巧克力」使用的烤模 (請參考 P101 及 P164「我的廚房好幫手」)

若沒有噴霧式植物油，也可以用紙巾沾奶油在烤模內側抹上薄薄一層 (請參考 P101「岩漿巧克力」做法 <4>)

5 烤箱預熱至 170℃，烤約 15 分鐘 (圖 a)

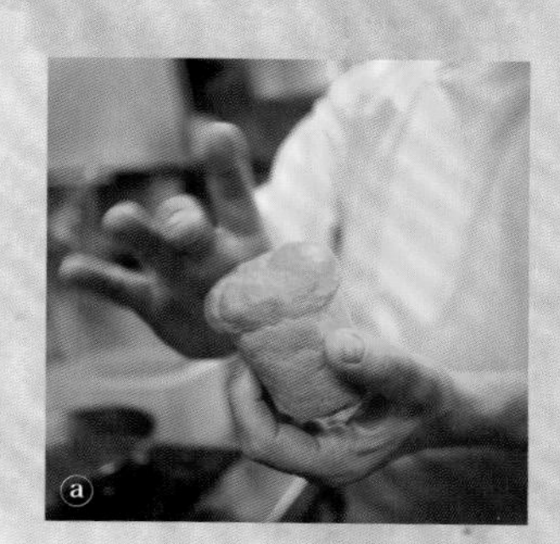
a

組合

做法

1 將蘭姆酒糖水加熱至 80℃

請注意：糖水必須保持在 80℃，不可煮沸，否則放入 baba 麵包後會因高溫而泡爛

2 取一個直徑約 10 公分的中空模子放在糖水鍋中間，將烤好的 baba 麵包浸泡在模子中約 3 分鐘，過程中須持續舀取糖水均勻地淋在 baba 麵包上 (圖 b)

中空模子的作用是要固定住慢慢膨脹的 baba 麵包，浸泡時先倒過來讓頭部浸濕後，再翻過來放入中空模子中，浸泡後的麵包會膨脹約 1.5 倍

b

3 將吸飽蘭姆酒糖水的麵包放入有深度的盤子裡，淋上一匙糖水，再滴幾滴香草味的蘭姆酒。上桌時可準備打發的雙倍鮮奶油、灑上烘烤過的杏仁碎顆粒一起搭配食用 (圖 c)

將使用過的香草莢泡在蘭姆酒中，蘭姆酒就會有香草的味道

由於這道甜點酒味非常濃，必須用較重的奶油來平衡。一般使用的鮮奶油含脂量約 30%，這裡使用的是雙倍油脂的鮮奶油 (含量約 45-60%)，味道比一般的打發鮮奶油更濃厚，還帶點像優格的微酸味

c

{後記}給有志學習法式甜點的朋友一些建議

這幾年偶爾回台灣時，我發現法式甜點愈來愈普遍，在飯店、餐廳、咖啡館……許多地方都很容易嚐到，顯然頗受歡迎，尤其走精緻、高價位的專賣店一家家趁勢興起，將台灣的法式甜點水準提昇不少。我也發現近年來到法國學廚藝的亞洲人有增加的趨勢，除了原本就佔多數的日本人，台灣人也愈來愈多了。因此我想分享十年來在法國學習與工作的心得，希望對想要來法國學甜點或已經準備前往的朋友們有所幫助。

首先要具備法文聽說能力以及基本的閱讀能力。雖然許多甜點和廚藝學校都有英語授課的班級，但就像我前文說的，不論在學習或工作的過程中，要學到法式甜點的精髓，我認為法文是最好、最直接的溝通工具。既然下了這麼大的決心來到法國，當然希望能學到在國內學不到的，而且能夠流利地使用法文也可以讓自己多一個優勢。我常看到一些台灣朋友來到法國之後並不會積極地去結交法國朋友，平日生活或聚會時也多跟台灣人在一起，來了五、六年法文仍然沒有進步，不僅生活和社交圈受到限制，對自己的發展也是一種障礙，這樣真的很可惜！

其次是要設法融入當地文化，了解法國人的思考模式和美感。我對法國人一直抱有很大的好奇心，花時間和他們聊天、了解他們為什麼這樣想？敞開心胸去接受法國文化，主動去研究他們的生活風格、看他們用什麼方式做事……，這些對我日後做甜點以及與法國人共事都有很大的幫助。雖然我再怎麼努力也不可能做得像道地的法國人一樣，但我的目標並不是成為或模仿他們，而是做出屬於自我風格、且受法國人肯定的法式甜點。有了「熟悉法國文化」這層基礎，再加上我的亞洲背景，反而可以做出法國人想像不到的東西合璧的口味，這便成了我的優勢。

再來就是好好磨練技術，再加上膽大心細。優秀的技術可以讓自己有自信、有把握，尤其當你積極去爭取機會時，實力便是最大的後盾，它會讓你贏得信賴以及更多的機會；相反地，欠缺足夠的實力，很可能讓好不容易爭取到的機會從此流失，所以不論如何一定要把握時間和時機好好充實自己。

除了技術之外，好的人際關係也會為你的前途加分。在餐廳工作看的是能力，能力好自然會受到尊重和肯定，這麼一來人際關係就好一半了！若你在工作上不會帶來麻煩、對大家有幫助，又好相處、樂意彼此照應，工作上的阻力自然會減少。運氣好的話遇到願意傾囊相授的好師父，很快就有明顯的進步。在這方面我真的滿幸運的，由於師父 Christian Boudard 的賞識我得到難得的機會，即使在三星餐廳競爭如此激烈的環境下，我也能平安度過，學到想要的技藝和經驗。

要打好廚藝的基礎，選一所適合自己的好學校就很重要了。我建議上完課程後最好能參加法國「職業能力證照」(CAP) 國家考試，為自己的實力取得客觀的證明。我上的巴黎斐杭狄高等廚藝學校 (Ecoles Grégoire-Ferrandi) 就有專門針對 CAP 考試開的班，其他的廚藝學校可能也有類似的課程，有興趣的朋友不妨多去了解。相信只要你明白自己的需求，用心去多問、多看、多聽，一定可以找到喜歡的學校，享受學習甜點的快樂。

1 2

3 4

1 //// 我的母校——巴黎斐杭狄高等廚藝學校，是我極推薦的學習地點。

2,3 //// 融入當地文化，享受法國生活，會讓你的學習生涯更精彩、更有活力。

4 //// 不論工作或事業，很幸運地我都能遇到欣賞我的老闆和夥伴，很感謝他們願意幫助我、給我一展身手的空間。因為甜點，我擁有了甜蜜的人生；同樣地，我也期待大家的甜點之路充滿快樂與希望！

巴黎斐杭狄高等廚藝學校

我的母校 Ecoles Grégoire-Ferrandi 仍是我至今十分推崇的學校。它位在巴黎市中心（第 6 區），是巴黎商業工業工會 Chambre de Commerce et d'Industriede Paris 開辦的工藝學校，主要在傳承法國傳統工藝技術，由三個學校組成，廚藝是其中之一。它的師資、設備和專業度都是數一數二，不僅教授專業知識，最大的特色是注重實作，學生有很多機會接觸食材、實際操作器具，因此可以學到非常紮實的工夫，培育的學生也多能成為業界的佼佼者。

為因應不同的需求，Ecoles Ferrandi 有多種長短期課程可供選擇，除了一般的廚藝課之外，還特別開設了高等廚藝班，給予有志成為頂尖廚師的學生完整的訓練。根據統計，每年從廚藝學校畢業的學生就業率達 80%，而高等廚藝班的畢業生就業率更高達 93%。因此 Ecoles Ferrandi 很受歡迎，每年都有許多申請者排隊等著考試入學。有興趣的朋友可上 Ferrandi 官網或聯繫學校索取資料。

Ecoles Grégoire-Ferrandi

〒 28, rue de l'Abbé Grégoire 75006 PARIS

☎ 01 49 54 28 00（從台灣撥打 +33-1-4954-2800）

www.escf.ccip.fr

{工具}我的廚房好幫手

對製作甜點來說，好用的工具可以事半功倍。
這裡列出的是我的甜點廚房中常用的工具，這些器具在本書中也經常用到，大家可以參考一下。
食譜中若有使用其他特殊器具，在該道甜點中會再特別提出來請大家準備。

基本用具

不鏽鋼調理盆

各種尺寸的容器，主要用來盛裝食材，圓弧盆狀底部沒有死角，正適合做打發蛋白、攪拌、揉製麵糰等處理，用途多樣

篩網

用於過篩粉類材料，以去除雜質並使粉質更細，避免顆粒相黏結塊

溫度計

料理專用的溫度計，長針狀的感溫設計方便用來測量食材溫度

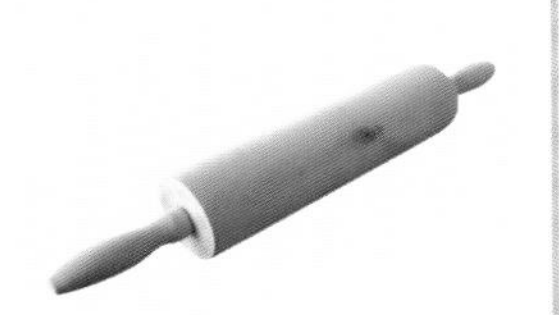

擀麵棍

便於均衡施力壓平、擀薄麵糰等

榨汁器

用於榨取柳橙、檸檬等水果汁液

擠袋、花嘴

圓形、鋸齒、扁平、波浪等各種造型的擠花嘴，擠袋和花嘴搭配，可將麵糰、鮮奶油等擠出想要的形狀

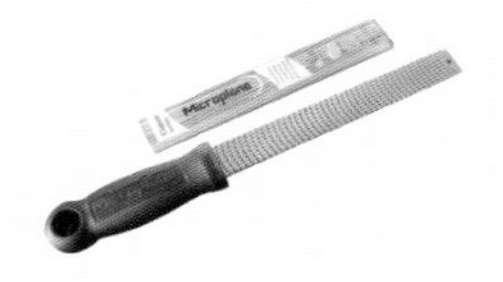

刨絲器

有各種造型，長條、板狀、筒狀（四面不同大小的刨口）等，常用於將柳橙、檸檬等果皮刨絲

西點刀（齒刃刀）

長形薄片單口刀，專用於切蛋糕，齒狀刀刃可以在切麵包、蛋糕時減少掉屑，切口更整齊乾淨

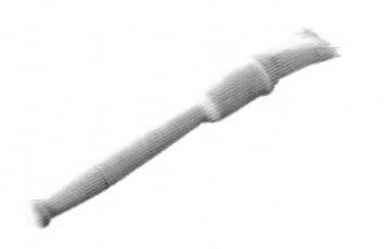

毛刷

通常用於沾汁液刷在糕點表面（如蛋汁或亮光糖漿）

漏杓

將固體食材從液體中撈起過濾

烘烤器具

烤箱紙

烘焙或揉製糕點時預防粘黏使用

模具

蛋糕烤模
烘烤蛋糕用：長形、方形、圓形等不同形狀及尺寸

環狀烤模
通常用於烤塔或派，有不同尺寸

dariole 烤模
上寬下窄的布丁杯狀模型，有不同尺寸

計量器具

湯匙
在法國通常習慣用湯匙來度量材料，大湯匙計量為 10 克；咖啡匙為 5 克；同時可做勺取及攪拌之用

磅秤
用於秤量固體及粉類材料，目前大多使用精確度較高的電子磅秤

攪拌器具

打蛋器（攪拌器）
以鋼絲製成，用於打蛋或攪拌混合材料

攪拌機
電動攪拌機可用來製作麵糰、攪拌麵糊、打蛋白等，視用途更換不同的拌打器。使用時先轉慢速再調至高速以免破壞機器

果汁機
用於打碎蔬果、拌勻材料及製作果汁等

木製攪拌匙
用於烹調食物、攪拌食材。木製材料不利導熱，攪拌加熱的食材十分好用

刮刀類

橡皮刮刀
由於刀面很有彈性容易將材料從容器表面刮起，尤其適合用於將粉類拌入濃稠的材料（如麵糊）中

刮板
常用於攪拌麵糊

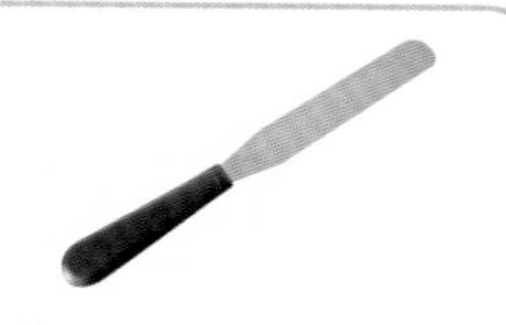

抹刀
用於將鮮奶油等塗抹在糕點表面，而將餅乾、薄餅等翻面時也很好用

●國家圖書館出版品預行編目資料

巴黎戀愛配方 / 林漪作. -- 初版. -- 臺北市 : 三采文化,
2012.05　面；　公分. --（三采生活休閒叢書）
ISBN 978-986-229-586-1（平裝）

1.飲食風俗2.點心食譜 3.法國巴黎

538.7842　　100020814

跟著感覺去旅行 28

巴黎戀愛配方

作者｜林漪
主編｜黃迺淳
專案副理｜張育珊
文字編輯｜張淑萍
執行編輯｜張淑萍
美術編輯｜張倩綺
封面設計｜謝佳穎
攝影｜張仲良

發行人｜張輝明
總編輯｜曾雅青
發行所｜三采文化出版事業有限公司
地址｜台北市內湖區瑞光路513巷33號8樓
傳訊｜TEL:8797-1234　FAX:8797-1688
網址｜www.suncolor.com.tw
郵政劃撥｜帳號：14319060
戶名：三采文化出版事業有限公司
本版發行｜2012年6月30日
定價｜NT$340

★ 特別感謝 Restaurant Guy Savoy 提供 P87、P88 頁圖片

Un Amour de Dessert à Paris

Un Amour de Dessert à Paris